陪孩子走出抑郁

宋婷婷Vivian/著

中华工商联合出版社

图书在版编目（CIP）数据

陪孩子走出抑郁/宋婷婷Vivian著. —北京：中华工商联合出版社，2024.1
ISBN 978-7-5158-3829-8

Ⅰ.①陪… Ⅱ.①宋… Ⅲ.①青少年–抑郁–研究 Ⅳ.①B842.6

中国国家版本馆CIP数据核字（2024）第013092号

陪孩子走出抑郁

作　　者：	宋婷婷Vivian
出 品 人：	刘　刚
责任编辑：	楼燕青
装帧设计：	周　源
排版设计：	水京方设计
责任审读：	付德华
责任印制：	陈德松
出版发行：	中华工商联合出版社有限责任公司
印　　刷：	北京虎彩文化传播有限公司
版　　次：	2024年2月第1版
印　　次：	2025年9月第3次印刷
开　　本：	710mm×1020mm　1/16
字　　数：	240千字
印　　张：	16.5
书　　号：	ISBN 978-7-5158-3829-8
定　　价：	59.80元

服务热线：010-58301130-0（前台）
销售热线：010-58302977（网店部）
　　　　　010-58302166（门店部）
　　　　　010-58302837（馆配部、新媒体部）
　　　　　010-58302813（团购部）
地址邮编：北京市西城区西环广场A座
　　　　　19-20层，100044
http://www.chgslcbs.cn
投稿热线：010-58302907（总编室）
投稿邮箱：1621239583@qq.com

工商联版图书
版权所有　侵权必究

凡本社图书出现印装质量问题，请与印务部联系。
联系电话：010-58302915

谨以此书献给我的爱人李先生!

因为有你源源不断的爱和永远稳定的心态,我才能内心充盈、精力充沛地投入一个又一个心理咨询和催眠调节的案例当中,才能帮助一个又一个来访者重新发现生活的美好和生命的价值!

军功章上有我的一半,也有你的一半!

目 录
CONTENTS

引言

现在的孩子为什么那么脆弱？　//　001

好好的孩子，怎么突然就抑郁了呢？　//　010

如何阅读这本书　//　001

第一章　情绪低落，我是不是抑郁了？

看画读心 | 14岁的留学生怎么就能抑郁了？　//　002

情绪低落总爱哭，我是抑郁了吗？　//　007

为什么那么多人给我力量，我依然不快乐？　//　016

学校"双减"后，为什么我放松不下来？　//　023

孩子到底是青春期的叛逆孤僻，还是焦虑抑郁？　//　028

如何识别抑郁的隐藏信号？　//　034

情绪管理 | 心理咨询师如何用"情绪词典"来调节自己的
情绪状态？　//　043

第二章　好好的，为什么抑郁的就是我？

看画读心 | 我的脑子里为什么总有其他的声音？　//　050

家庭的变故，要不要和孩子说明？　//　054

什么样的家庭，容易让孩子抑郁？　//　056

为什么有的孩子容易愤怒焦虑、反应过激？　//　069

为什么物质条件越来越好，孩子们却变得越来越脆弱？　//　074

抑郁和焦虑存在的意义是什么？　//　080

情绪管理｜被别人激怒的背后有什么样的
　　　　　　"情绪触发点"？　//　083

第三章　抑郁了，我还能好吗？

看画读心｜妹妹的出生和我的抑郁同时发生，是巧合吗？　//　092

抑郁症能治好吗？　//　096

抑郁之后，不吃药能不能好？　//　103

抑郁到底该如何治疗？　//　113

情绪管理｜他是怎么用"情绪流程图"，解开了考试前
　　　　　　必发烧的心结的？　//　123

第四章　有过抑郁，对我生活会有什么影响？

看画读心｜为什么我总觉得自己很差劲？　//　132

他对你说想"自杀"，怎样干预最有效？　//　136

与抑郁朋友聊天，最容易说错的两句话是什么？　//　142

得过抑郁，我还能正常恋爱、求学、出国吗？　//　149

情绪管理｜问题本身不是问题，你的"不合理信念"为什么让它
　　　　　　成了问题？　//　160

第五章　抑郁好了后，怎么防止复发？

看画读心｜为什么生活很美好，但我却感受不到快乐？　//　178

抑郁好了之后，还会复发吗？　//　182

为什么一到秋天、换季，就容易产生抑郁心情？ // 185
抑郁好转前的四个心理阶段，你处于哪一个？ // 188
如何快速缓解考前或升学的压力和焦虑？ // 192
情绪管理｜"双减"后作业少了、刷手机多了？你需要一个私人订制的"情绪加油站" // 198

致谢 // 209

[引言]
PREFACE

现在的孩子为什么那么脆弱?

前不久,我在中央电视台少儿频道《快乐大巴》录节目时被问道:"婷婷老师,现在的孩子和我们小时候相比,为什么那么脆弱?"

当被问及这个问题时,我一点也不意外。因为我已经在多个场合被问过同样的问题。在回答这个问题之前,我先抛出了一个问题:你觉得什么人会提出这个问题?

相信很多人会认为提出这个问题的人是家长,因为每个家长不管自己做得怎么样,永远会觉得自己的孩子做得不够好、不够努力,所以才会问出这样的问题。但实际情况是:来问我这个问题的人数,家长占60%!那么,你猜猜其余的40%是谁呢?

你猜对了!除了家长以外,还有40%的提问者是孩子自己!有的是在我受邀去一些中小学做心理大讲堂时,私下递纸条来问的;有的是通过我的视频、文章、书籍等知道我后,主动让父母来预约我的心理咨询和催眠调节时,孩子当面问我的。

我为什么要在引言的开篇大费周章地分析来问我这个问题的人群组成呢?因为我想用这本书向大家呈现:孩子的世界,从来就不像家长或孩子想象中那么没心没肺、无忧无虑!

而与此恰恰相反的是，每个成年人会思考的问题、会为之困扰的纠结，孩子们也都在思考和挣扎着——像"现在的孩子为什么那么脆弱"就是一个最简单、最普通的例子。

那你可能又会说了："婷婷老师，即使你想让大家都意识到'孩子在想着很多成年人也在想的问题'，完全可以用一句话就概括了，何必如此大费周章呢？"

因为如果我只用一句话简单概括，即使你能意识到孩子和成年人想着同样的人生问题，他们的脑子转得一点也不比成年人轻松。其实，孩子要比成年人艰难得多，遭受的挫折、不解，甚至呵斥也会多得多！

我们先来设想如下两个场景：

→场景一，当一个成年人说"明天要交的总结我还没写，因为今天一天都在思考'现在的孩子为什么那么脆弱'"时，你的第一反应是什么？是不是会觉得"他这么重视这个，我得好好帮他分析一下"。

→场景二，当一个孩子说"明天要交的作文我还没写，因为今天一天都在思考'现在的孩子为什么那么脆弱'"时，家长的第一反应是什么？是不是会脱口而出："想那些没用的干吗？赶紧把作文写了！"

看到没有？一样的场景、一样的问题，成年人提出问题后有更大的概率会得到接纳、认可和重视；而孩子们却有更大的概率惨遭拒绝、否定和呵斥。这样下去，孩子们心里存着的疑惑会越来越多，而能够获得足够的重视、讨论和引导的渠道却越来越少！小小心灵就这样负重前行，如何轻松得起来？

现在，大家能在一定程度上理解这些孩子的生存现状了吧，但又轮到成年人叫屈了，因为他们也并不是真的想忽视孩子们的问题，而是希望他们少想些没用的，集中精力学习。如果都学完了，那就赶紧去睡觉！其实，家长们也心疼孩子，但他们并不知道自己在心疼的过程中错过了什么！

很多孩子在被医院确诊了抑郁症甚至已经休学在家，家长来预约我做心理咨询和催眠调节时，红着眼圈流着眼泪说："婷婷老师，我们当时真的是不懂呀，不知道这些是孩子发出的求救信号，错过了最初的调节时机。结果看着孩子现在这么痛苦，我们也很痛苦呀！"也有抑郁孩子的任课老师、兄弟姐妹、亲戚朋友痛心疾首地和我说："当时觉得他哪里不对，但又说不出来怎么不对。想尽力帮他，但总是不得法，直到他彻底拒绝我们。哎，我们当初要是能再多做点什么就好了！"

是的，虽然现在青少年抑郁症的检出率为24.6%，但不得不承认的是，我们每个人都觉得抑郁症离我们很远——包括我自己。在我十多年前从计算机行业转行到心理咨询行业之前，我知道抑郁症的普遍性，但从没有认为它会真实地发生在一个个如花朵般美好的孩子身上。

正因为我们集体潜意识里的"抑郁症是不开心的，而孩子能有啥不开心的"，所以孩子们在从消极情绪滑落到抑郁症之前，没有发出明确的求救信号；而仅有的一些求救信号，也可能被周围人忽视了；即使被关注到的求救信号，也可能因为措施不得法而雪上加霜。就算孩子的心理问题被确诊了，但如果治疗得不及时有效，最后的结果轻则不得不长期服用精神类药物，并且还要忍受因这些药物引起的手抖、长胖、便秘等副作用，或是休学、退学乃至拒绝重返社会；重则因为中途私自断药突发精神分裂症的症状或是走上了不归路。

所以，在我做了几千个小时的青少年的心理咨询，在听完了孩子们在催眠调节后诉说他们的世界，我深刻地认识到孩子们的世界比我们想象的要艰难得多。孩子们、老师们、家长们学一点心理学，真的很有必要！

● 婷婷的心理会客厅　**青少年抑郁检出率**

早在2019年，国家卫健委便推出了《健康中国行动——儿童青少年心理健康行动方案（2019～2022年）》。其中明确表示，儿童青少年心理行为问题发生率和精神障碍患病率在逐渐上升，已成为关系国家和民族未来的重要公共卫生问题。

2020年，心理健康蓝皮书《中国国民心理健康发展报告（2019～2020）》显示，青少年抑郁检出率为24.6%。其中，轻度抑郁检出率为17.2%，高出2009年0.4个百分点；重度抑郁为7.4%，与2009年保持一致。

女生抑郁高于男生。女生有抑郁倾向的比例为18.9%，高出男生3.1个百分点；重度抑郁的比例为9%，高出男生3.2个百分点。

非独生子女高于独生子女。非独生子女青少年有抑郁倾向的比例为17.3%，与独生子女相当；重度抑郁的比例为7.7%，高出独生子女1.4个百分点。

随着年级的增长，抑郁检出率呈现不断上升的趋势。小学阶段的抑郁检出率为一成左右，其中重度抑郁的检出率约为1.9%～3.3%；初中教育阶段学生抑郁问题检出率约为三成，重度患者抑郁检出率为7.6%～8.6%；高中教育阶段学生抑郁检出率接近四成，其中一个重度患者抑郁检出率为10.9%～12.5%。

也就是说：四分之一的孩子有抑郁倾向，十分之一的高中生有严重的抑郁症。

在分析"现在的孩子为什么那么脆弱"前，咱们得先达成一个共识：这个"脆弱"在不同人的心里有不同的场景和定义。比如：在家长心里，期末考前紧张到对着模拟卷子默默流泪叫作"脆弱"；在老师心里，批评了一句，孩子就冲出教室叫作"脆弱"；在孩子心里，家里多了个弟弟或妹妹，感觉到自己被忽略而伤心叫作"脆弱"……而我下面要分析的两个因素，是抛开所有的场景和定义，单纯从"孩子怎么不'扛造'了，一点点事儿就容易发脾气"的角度来分析，而具体到每个独特的场景应该如何看待和引导，会在书的正文中涉及。

来看一个我之前做过的有关"孩子情绪管理与家长教育方式"的亲子咨询。儿子上小学高年级，小时候乖巧懂事、青春期却突然因不满家长的管教，情绪崩溃，还对家长大打出手。

在我询问家长之前与孩子的互动模式时，家长说在儿子小时候，对他有些简单粗暴，觉得孩子就得多打打，让他在家里多吃点苦才不至于出去吃社会的苦。"我们小时候也都是这样被教育出来的，也没说长大一点就敢对父母大打出手呀。"爸爸妈妈几乎异口同声地说！

但是，被使用同样方法教育出来的儿子，脾气却变得越来越大。

小时候顶嘴发脾气，家长教训一顿他就不吱声了。但随着他年龄的增长，发脾气的时候开始和大人对着吼。最近，发展到任何要求如果不即刻满足，就会勃然大怒，甚至摔东西。前几天上网课时，他在偷偷玩手机，被家长发现后吵了起来，孩子竟是一副要拼命的神情，而且还对家长动了手……

家长痛心地说："孩子对我扬起巴掌的那一刻，我突然感到很慌，觉得完全不认识眼前这个高高大大的男孩子了！恍惚间，怎么也无法把眼前这个要和我动手的孩子，和曾经那个低眉顺眼、乖巧懂事的孩子重合在一起！

"想想老一辈带我们的时候很简单轻松，做错事或不听话了就训一顿，再不行就打一顿，我们也没出什么问题。怎么现在带娃就像伺候祖宗一样，说不得也打不得。稍微说重了，孩子就敢顶嘴；吵激烈了，孩子还抑郁、焦虑、厌学了。

"我也知道打孩子不好，但是他犯拧顶嘴的时候，是真来气呀！压不住火儿，我就上手了。结果，他现在还敢跟我动手了！这可怎么办？"

为什么我们小时候，别人说我们啥也不至于那么生气；现在的孩子不是一味地憋出内伤，就是气性大得吓人？出现这样的变化，是因为以下两个现实存在的矛盾，使得现在和以前真的不再一样了。

● **现实矛盾1：媒体上未经筛选的海量信息，与孩子大脑成熟度之间的矛盾**

现在孩子获得信息的渠道，比我们那时获得信息的渠道不知道翻了多少倍。

我们小时候，获得信息的渠道就是《新闻联播》、《北京晚报》和家里书柜上的书。无论是哪种渠道，传播的信息都是经过筛选的，三观是正的，互相之间没有太多的矛盾和冲突。但现在孩子通过网络和流传在孩子中间的

App、网络小说、游戏社区，获得很多未经筛选甚至是居心叵测的信息。对于这些超大量的信息，孩子们要花几倍于我们当年的时间去去粗取精、去伪存真。而且，因为获取信息的来源不同，这些信息之间必然会存在着相互矛盾，结果就是造成处理和消化这些信息的复杂度陡增。

孩子接受信息的数量和复杂度都在增加，那么孩子处理信息的能力有没有得到显著提高呢？并没有！于是，过量的、新奇的、矛盾的信息每天都在进入孩子的世界中，但没有一个合适的筛选和处理机制，结果就造成了心理学上所说的"信息过载"。

● 婷婷的心理会客厅　信息过载

所谓"信息过载"，指的是接收的信息量超出了大脑所能处理和消化的极限。2009年，牛津英语词典就收录了"信息疲劳"一词，指由于试图从媒体、互联网或工作中吸收过量信息而导致的压力。心理学研究表明，信息过载不仅会引发困惑感和挫败感，还会导致视野受限从而影响判断。

什么叫"处理信息的能力"？处理信息还需要特殊的能力？难道不是看了听了之后，一乐呵就完了？当然不是！人是要用大脑来消化信息的，就像要用胃来消化食物一样。

我们都知道，当小孩子的胃还没有发育好的时候，吃了油大的、生冷的东西，胃消化不了，就会上吐下泻地闹病。

同样，人的大脑要到青年期才逐步发育成熟，也就是说孩子的大脑还不足以处理那些三观不正的、恶意丑化的和居心叵测的信息。当他们的大脑接收到这些信息的时候，就会像没有发育好的胃吃了油大、生冷的食物一样，会不断地翻腾。

只不过，胃的不舒服和翻腾表现为上吐下泻，家长看见了还会理解和心疼孩子。但当太多不良信息在孩子未成熟的脑子里翻腾的时候，他们的脑子不会表现出上吐下泻，而是孩子会表现得脾气暴躁、抑郁消沉。而这时的家长通常无法意识到是孩子的"信息消化不良"造成的问题,也就无法理解和帮助孩子,反而会加大镇压和教育的力度,进而恶化亲子关系。

●婷婷的心理会客厅　大脑的发展过程

婴儿出生以后,其大脑功能相较于胎儿几乎没有发生什么变化。虽然对触摸很敏感的体感皮层在婴儿出生前就开始活跃起来,但是要在两三个月以后,这一皮层才会进行其他活动,并最终控制随意运动、推理、知觉等活动。

额叶在婴儿半岁到1岁开始活跃起来,引起情感、依恋、计划性、短期记忆和注意力的发育。顶叶和额叶在婴儿1岁半左右联系更为紧密,自我意识就出现了。

童年期的生活经历有助于塑造我们的精神状况,而父母忽视或过分严厉的教育有可能改变良好的大脑。儿童到了6岁时,其大脑的重量已达到成年人的95%,能量消耗也达到高峰。这个时期,孩子们开始应用逻辑,开始付出信任,开始理解自己的思维过程。他们的大脑继续发育,继续在体验世界的进程中,形成和打破神经连接。

从青春期开始,大脑的灰质以每年1%的速度逐渐减少,直到20岁出头。由于灰质减少,童年快速成长期产生的、没有用过的多余的神经连接也随之减少。这一过程首先从感觉和运动区开始,这些区域最先成熟;然后是与语言和空间定位有关的区域;最后是与高级的处理和执行功能有关的区域。

最后成熟的区域之一,是位于额叶最前端的背外侧额前脑皮层,这一区域负责控制冲动、判断和决策。这在一定程度上能解释普通青少年为什么会做出一些不那么明智的决定。这一区域也负责控制和处理杏仁体传来的感情信息,这能一定程度解释青少年的性情为什么反复无常。

随着灰质的逐渐减少,脑部的白质却在增加。这一组织围绕着神经元,有助于加快电脉冲的速度,以及维持神经连接的稳定性。

人到了20岁出头,大脑发育就进入成年期,大脑前额叶皮层和颞叶皮层在这个时期还在发育完善,这两个脑区与制定计划和任务协调等需要执行控制力的能力有关。

25到65岁，脑力开始部分地衰退。但是，人的智力是由"流体智力"和"晶体智力"两部分组成的。人的流体智力（记忆力、反应速度、计算能力）在20岁左右达到巅峰，25岁左右开始下降；而晶体智力（知识、技能、生活智慧）一生都在不断增长，晶体智力相当于我们理解中的智慧。

到了65岁，大部分人都会发现大脑出现衰退的迹象。人的脑细胞将不断减少，特别是对处理信息相当关键的"海马细胞"。因此，人的记忆力会随之开始衰退。但《美国老年学会》发表的一份研究报告表明，利用电脑进行大脑训练游戏，可以提高65岁以上老年人的记忆力和注意力。每周锻炼3次，可有助于老年人提高注意力和抽象能力。

● 现实矛盾2：成年人一方面希望孩子能够扛住压力和挫折，另一方面却剥夺了孩子每天锻炼抗压能力的自然机会

如果我问家长："你觉得你剥夺过孩子面对挫折的机会吗？"家长肯定会说："几乎没有！我几乎不溺爱孩子，更是时刻教育他去勇敢面对自己的失败。"

但是，如果我问家长："你会尽力给孩子创造生活和物质上的舒适和便利吗？"家长肯定会说："当然啦！我努力工作，就是为了给家人创造更幸福和舒适的生活呀！这难道有错吗？"

这没有错，但是这样会减少孩子锻炼抗压能力的机会。具体的内容，我们将在后面的案例中展开来讲。

当然，这并不是说不要给孩子创造良好的环境，而是考虑要不要竭尽全力去创造过分好的环境。比如，真的要每次出门都打车而不坐公交吗？要每次出游都带上零食，以防孩子路上饿吗？要在孩子每一次哭泣的时候，都拿着放大镜去观察孩子吗？……

就拿我小时候练小提琴以及现在我闺女练小提琴的条件对比，来说说成年人有多么容易就剥夺了孩子锻炼抗压能力的机会。

引言

任何人练琴练不好的时候都会急，我小时候也不例外，从三岁半起练琴，即使三伏天里也只能汗流浃背地练，家里不要说空调了，就是连风扇也没有——一是因为家里并不富裕，二是在那个年代买什么东西都是要票的。但每天在这种练不好琴的挫折和天气炎热引起的烦躁中，却帮我逐渐提高了应对焦虑情绪的耐受力。

而对于我闺女，每年5月份我家一练琴就开空调，一开就开到10月份。这样凉爽的练琴环境能使她练得更开心一些吗？答案是并没有！她该急照样急，并且因为很少有机会经历炎热下的努力，所以她很容易被温度的变化影响情绪。说白了，就是没有在日常生活中有机会锻炼对待温度变化所引起的不良情绪的耐受力。

后来，当我意识到，我本来想帮助闺女保持好心情练琴的初心，反而起到了削弱她情绪耐受力的反作用时，我便不再画蛇添足地提前或延后开空调。家里就是正常地进了伏天开空调，立秋之后关空调。这样做，既尊重了自然规律，又节约了能源，还能让孩子在真实的环境中逐步得到磨炼，多好啊！

所以，家长要舍得让孩子吃苦，孩子自己也要懂得适当地让自己吃苦，这个苦是生活中的"自然苦"，而不是考试、比赛失利的"功利苦"，更不是父母严厉批评、严苛要求的"人为苦"。当一个人每天都能应对这些苦时，他的忍耐、等待、焦虑等的耐受性自然就提高了。

● 婷婷的心理会客厅 　情绪耐受力

所谓情绪耐受力，是指个体在遭遇挫折情境时，能否经得起打击和压力，有无摆脱和排解困境而使自己避免情绪波动、心理与行为失常的一种耐受能力，亦即个体适应挫折、抵抗和应对挫折的一种能力。

一般来说，情绪耐受力较强的人，往往挫折反应小，挫折时间短，挫折的消极影响少；而情绪耐受力较弱的人，则容易在挫折面前不知所措，挫折的不良影响大而易受伤害，甚至导致心理和行为的失常。

因此，情绪耐受力的大小反映了一个人的心理素质的健康水平。许多人的心理问题就是由于遭受挫折而又不能很好地排解和调适造成的。增强情绪耐受能力，是获得对挫折的良好适应和保持心理健康的重要途径。

分析完上面这两个现实矛盾，就能更好地体会：为啥之前用着挺好的沟通和交流方式，没法用来引导和教育现在的孩子们。而这一届的孩子们也要知道，不是你们不够好才脆弱的，而是现在的世界变化得比任何人想象得都快。所以，成年人要和你们一起，找到应对挫折、管理情绪、持续成长的方式和思路。

《吕氏春秋》中说："故治国无法则乱，守法而弗变则悖，悖乱不可以持国。世易时移，变法宜矣。"意思是说：治理国家如果没有法制，就会天下大乱；死守旧法而不变革，就必然违反实际。现在世道时局变了，律法也需要变革。

面对国家的成长如此，面对一个人的成长亦如此。国家的律法在不同时代是"世易时移，变法宜矣"，我们找寻心灵成长和管理情绪的思路同样要与时俱进、顺势而为！

好好的孩子，怎么突然就抑郁了呢？

很多人在描述他们身边的抑郁症孩子的时候，都会说这样一句话："本来挺好的一个孩子，怎么突然就抑郁了呢？"

这是我在各种场合中不断地纠正的一个错误概念：从来没有"突然就抑郁了"这么一说！抑郁一定是一个累积的过程。

但是，太多人（包括孩子和他们周围的人）把抑郁积累过程中的种种信号都错过了：

→ 把"失眠、沮丧、对之前感兴趣的事情不在乎或不感兴趣了"一刀切地归为"为赋新词强说愁";

→ 把"突然爱发脾气、说谎话、突然对手机上瘾"一刀切地归为是"青春期的叛逆";

→ 把"一做作业就头疼、肠胃没来由地反复疼痛又查不出来问题、时常呕吐或者嗳气、女孩子生理期不正常"一刀切地归为"有畏难情绪"……

当这些信号一个个发出来,又被大家一个个地忽略掉之后,那些引起这些心理和生理反应的事件却并没有因忽略而被遗忘,而是在孩子的脑子里互相纠缠;这些事件所引起的情绪没有因忽略而消失,而是在孩子的心里不断积聚和发酵。

直到最后他们扛不住了,所有的情绪像火山爆发一样带着摧毁一切的能量喷涌而出的时候,当孩子无法继续上学、无法走出家门进入社会,甚至当孩子结束生命的那一刻,所有人才恍然大悟道:哦……原来孩子一直以来都不是娇气和矫情,他是生病了!也直到这时,孩子本人和他身边的所有人才会追悔莫及地感叹:哎……可惜当初不懂呀,否则就不会把病情耽误到现在这种只能不得不休学进行治疗的程度了!

比如,我之前做过一个青少年厌学情绪调节的案例,在周围人看来,觉得他一直都挺好的,不明白为什么突然就不想上学了。而在和孩子走得比较近、聊得比较多的一些人看来,觉得他虽然一直想得挺多挺深的,但在学习上他是努力,可能是突然找不到努力的动力了!而在我给孩子以及家长做心理咨询和催眠调节时,才发现真正的根源在几年前就埋下了,而且这几年来,由于孩子自发的求救信号不断被忽视,积重难返后造成了孩子的全面崩溃。

这个案例是这样的:男孩马上要上高中,正在升学的紧要关头,突然说不想上学了，成绩也出现了大幅下降。妈妈来预约我的亲子咨询时候说："婷婷老师，孩子的亲戚朋友和任课老师都挺不理解的，要说这孩子本来成绩都很好，也很听话，怎么突然就死活不肯上学了呢？"

我问："孩子这几年来一直都是成绩很好、很听话吗？"

妈妈说："之前都是这样，但不知道为什么这一两年，他的话越来越少，脾气却越来越大了。我想着孩子青春期了，不爱说话、偶尔发发脾气也是正常的。但孩子前一阵突然说他不想上学了，怎么哄都不行。您说是不是我之前对他脾气太好了，给他惯的？"

我观察到妈妈在介绍孩子的过往经历和背景情况的时候，压根没有说到任何孩子爸爸的情况。于是，我便说道："请您说一说孩子和爸爸妈妈之间的互动模式吧！"

这时，妈妈才说："我跟孩子爸爸离婚好几年了。孩子主要跟着我，有时候放假会去爸爸那边住一段时间。"

我问："具体是几年前离婚的？当时怎么跟孩子解释父母离婚的事情的？"

妈妈说："我们是三年前离婚的，但孩子到现在应该还不知道我们离婚了。因为我们从来都没跟孩子说过，孩子也没有问过我们。"

我问："也就是说孩子从上学以来，成绩和各方面表现都不错，人也开朗。三年前，您和孩子爸爸离婚，但没有和孩子说明。一两年前，孩子开始变得话越来越少、脾气越来越大。四个月前，孩子提出不想上学，但当时只是每周有半天不去，而且那半天都是副科，后面逐渐发展到整天都不肯上学。直到两周前，他再也不肯上学，甚至拒绝走出家门，是这样吗？"

妈妈说："是的！刚开始孩子不想去上学的时候，我确实没有太反对，因为孩子这两年来总爱生病。他老说胃疼、肚子疼，去医院又查不出什么问题。看他疼的那个样子，也不像是装的。所以，他一说不舒服，我就给他请假。如果我没有办法请假在家照顾他，就会把他送到他爸爸那里。四个多月前，他说想请假不想上学，我也没太多想。直到两周前，他彻底不去上学了，我才觉得不太对劲了！可是……我思前想后，最近这两周也没有发生什么让他不想去上学的事情呀！"

哎……哪里是两个星期前发生的事情才导致孩子不想去上学呀，这是这三年来的一个持续发酵的过程！这在心理学上被称为"延迟性心理创伤"。

● 婷婷的心理会客厅　延迟性心理创伤

发生某件事的时候没什么感觉，事后反而越想越生气——这就是所谓的"延迟性心理创伤"，即我们的感受在外部的事情之后一段时间才发生的。

大多数情况下，当一个事件发生的时候，我们就已经能判断出来对方在伤害我们了，比如别人骂我们一句或打我们一巴掌的时候。可是，如果对方通过欺骗或者其他隐晦的形式伤害我们时，我们是很难察觉到这种伤害的。等我们觉察到被伤害时，可能已经很晚了。

"延迟性心理创伤"往往比其他心理创伤更难以缓解，因为你会更加责备自己，认为自己太过愚蠢。同时，你也会有一种束手无策的感觉，因为事情已经过去很久了。

为什么会存在延迟性心理创伤呢？

——被欺骗、蒙蔽

当我们被他人欺骗、蒙蔽的时候，就会出现对创伤经历的延迟反应。比如，当我们遇到骗子的时候，可能没有意识到对方在伤害我们，过几天之后才意识到自己被骗了。当我们意识到被骗后，心里就会留下创伤，可能需要很长时间才能走出来。凡是延迟性心理创伤，都带有欺骗性质。欺骗的过程越长，对个体造成的伤害也就越大。延迟性心理创伤比其他心理创伤更加复杂。

——隐晦的伤害

当我们经历伤害时，可能需要过去很久才意识到自己被伤害了，因为伤害的过程是极其隐晦的。当我们跟自认为最好的朋友相处时，对方口口声声说"我这都是为了你好"。我们在当时那个情境之下，也觉得似乎对方是为了我们好。可是，当我们离开那个情境之后，重新思考整个过程时才会意识到被对方利用了，自己只不过是对方的一枚棋子而已。这种隐晦的伤害，对个体的心理是破坏性的打击。他以后可能都不会再相信任何人了，更不会建立新的关系，甚至还会出现社交退缩，将自己封闭起来。

后来，我给这个孩子做厌学和抑郁情绪的心理咨询和催眠调节。经过几个疗程的调节，他终于主动要求重返校园。其实，之前孩子不想去上学，确实是因为他找不到学习的动力了。而他之所以丧失掉学习的动力，是因为他觉得即使学到再多的知识，也无法获得人与人之间的真诚。而之所以他无法感受到他人的真诚从而建立对这个世界的信任，还要从三年前他发现父母离婚说起。

他曾对我说："婷婷老师，其实我早就知道我爸妈离婚了。那会儿我小，总爱玩挖宝藏的游戏，所以老乱翻家里的抽屉。有一次，我翻了他俩的离婚证，看了之后我没吱声，又原封不动地放回去了。

"婷婷老师，你知道吗？我很爱我的爸爸妈妈，总觉得只要他俩不跟我说，应该就可以不当真。为了自我安慰，我记得那会儿我总装作不经意地问妈妈：'为什么爸爸不和我们住在一起了呀？'但妈妈每次都回答说：'咱家离爸爸单位太远了，爸爸想住在离单位近一些的地方。'虽然我知道妈妈在骗我，但是我告诉自己要相信妈妈。

"说实话，那会儿我也不小了，这样的自我欺骗很容易被现实无情地打破。我不想让他俩分开，但是因为他俩压根就不承认离婚了，还让我别瞎想。我一边想相信他们，一边想他们为什么要骗我，想多了我就开始胃疼、肚子疼。

"这三年来，我经历了太多次的'自我说服—希望落空—相信父母—发现被欺骗'的循环。慢慢地，我不再问他们了，不是我忘了或者不再纠结这件事了，而是我不问我就不会再次被骗。婷婷老师，您说，三年来我在很努力地学习，却换不来父母的一句真心话。那即使学了再多的知识，在这个充满谎言的世界里，又是多么可悲呀！"

这样梳理下来就会发现，孩子的厌学其实是源于三年前的父母离婚，更具体地说是源于父母对孩子隐瞒的离婚这个事实，而催化剂是这三年来孩子的怀疑、消极思考、猜测、满怀期待、被欺骗、希望落空的反复折磨。特别是在治疗的过程中，我能够明明白白地看到，孩子所说的"想多了我就开始胃疼、肚子疼"叠加上妈妈说的"去医院又查不出什么问题"，这是一个再清晰不过的"焦虑抑郁情绪躯体化"的典型反应。

但就是因为没有人把这一连串的信号串起来，虽然会觉得有点不对。可又说不出来哪里不对，就选择忽略了。结果，错过了一个又一个本可以做些什么的时机，直到孩子跌落深渊、痛苦不堪。万幸的是，当孩子坚决拒绝上学后，周围人没有再去"善意规劝"或者"威逼利诱"，而是及时想到了心理咨询，给孩子做专业的心理调节。如果当时周围人再"努努力"，孩子可能真的会做出一些过激的行为，那么后果将不堪设想！

●婷婷的心理会客厅　心理疾病躯体化

所谓"心理疾病的躯体化"是指人们在发生心理不适时，不是或较少以焦虑、恐惧及情绪变化等心理化的方式呈现，而是以头痛、腰痛和胸痛等躯体症状的方式呈现。在ICD-10《国际疾病分类第十次修订本》（1990）中，躯体化被列为躯体形式障碍的一种。作为一种临床现象，它表现为某种身体上的症状，但不能从医学的角度对身体疾病作出合理解释，并具有以下几个临床特征：患者体验到和表达出躯体不适与症状；这些躯体不适与症状不能用器质性病变来解释；患者将躯体不适症状归咎为躯体疾病；患者据此向医学各科求助。

一般认为，躯体化是对心理社会应激独特的反应，即患者主要是用躯体方式而非心理方式做出反应。最常见的躯体化症状为头昏、头痛、耳鸣、乏力、睡眠障碍、胸闷、心慌、慢性疼痛、咽喉梗阻、厌食、腹胀、尿频等，患者就诊时往往以丰富、生动、多变的躯体症状为主诉，但其躯体症状与相应的医学检查不符，对症治疗效果往往不佳。

因疗效不好，患者又会对医生和医院不满，从而反复更换医院科室和医务人员。这一状况在使患者本人深感痛苦、生活质量明显下降的同时，也在无形中耗费了大量的医疗资源并损害了医患关系，对个人和社会造成了双重困扰。有资料表明，当前引起各种疾病的原因中有70%～80%与心理因素有关，其中主要由心理因素，特别是情绪因素引起的身心疾病患者已占总人口的1/10。

当人们内心存在情绪障碍时，会因此备感焦愁不安，这种内在的压力长期得不到适当地释放，很有可能会转化为外在的躯体症状表现出来，出现一系列病痛与不适。一般来说，焦躁和压抑越重，身体上的反应也就越明显，就是精神心理上的矛盾冲突、内心的痛苦通过身体的不适、身体的症状表现出来。

当妈妈了解到原来是自己"善意的谎言"给孩子的抑郁埋下了雷、自己一直坚持着的回答却导致孩子对这个世界的失望，这么多年孩子不明原因的躯体疼痛原来是孩子内心深处发出的求救信号……曾经那个积极快乐的孩子，三年的时间里在妈妈的眼皮子底下一点一点陷入了抑郁的沼泽，而妈妈却丝毫没有察觉。

妈妈崩溃地喃喃自语道："天呐！我都做了些什么！婷婷老师，我当初不知道，我真的没有想到呀！我一直觉得孩子还这么小，担心说了我和他爸爸离婚会给孩子造成伤害。有几次我想说，但他姥姥姥爷极力反对，想等孩子大一点再跟他说，于是就拖到了现在。如果当初我能知道这些……如果当初……哎……"

我真的很能理解，家长不希望孩子受到父母离婚的影响而选择隐瞒事实。我在做孩子们抑郁焦虑情绪的调节时，碰到类似的事情还有很多。比如父母吵架、家人生病、亲人去世……很多创伤性事件发生后，父母为了保护孩子会说一些"善意的谎言"。

但父母真的可以出于善意而欺骗孩子吗？实际上，以爱为名所行的欺骗，或许是更大的残忍。比离婚、吵架本身对孩子伤害更大的，是隐瞒这些事情。

你甚至想象不到，家庭善意的谎言，对孩子的破坏力有多大？

就像我做过的很多咨询，父母吵架不希望影响到孩子，所以在孩子面前粉饰太平，也没有跟孩子解释发生了什么。孩子看到的就是：父母嘴上说着没事，气氛却紧张得可怕。

孩子无法在自己现有的认知中，找到导致事件发生的逻辑因果关系，于是很容易会将一些事情的原因归结在自己身上。那些和孩子无关的争吵，在孩子眼里可能都会变成：这会不会是我的错，是不是因为自己不好……会极大地影响孩子的自信心和自尊。

所以，谎言不分善恶，都会伤害到孩子。但如果家长对离婚、吵架的解释和引导都做得比较到位时，这些事情不但不会打击到孩子的婚姻观，反而这是一个很好的机会，让家长把自己的经验总结正确地和孩子沟通，让孩子能够绕过家长所走的弯路。

"善待孩子"是所有父母的基本素养。无论在哪一个环境中，父母都有责任尽力给孩子一个比较真诚的生活。别让欺骗抹杀了孩子对父母的尊敬，也抹杀了孩子对自己的信任。当孩子对父母都失去信任的时候，他又拿什么底气去面对这个世界？

● 婷婷的心理会客厅　信任

心理学领域的"信任"是通过著名的囚徒困境实验来研究的。信任他人就意味着必须承受易受对方行为伤害的风险，因此，承担易受伤害的风险的意愿，即是人际信任的核心。

在人际交往中，最基本的信任来自亲人之间的依靠，由于坚信不会背弃、离开，始终信任亲人不会损害自己，所以具有确定的信任，形成极致的依靠。

看到这里，很多人心里可能会犯嘀咕，我又不是专业的心理咨询师，也没那么多的案例经验，我怎么能分辨哪些是正常的闹情绪、哪些是需要关注的求救信号？我在中央电视台的少儿频道做特约心理嘉宾的时候，也被问过如下的问题：

→ 孩子太内向，在学校也喜欢一个人待着，怎么能让她更开朗一点？

→ 孩子在家是个小霸王，但一遇到要比赛或者表演，就紧张得完全失常，他是不是太没有自信了？

→ 孩子都上初中了，每次睡觉还抱着娃娃，有时候还撒娇想让我陪她睡，出了什么问题吗？

其实，这些问题多多少少都涉及孩子的安全感不足。但单凭一句描述，真的无法判断出孩子的心理状态和情绪困扰是否严重。

这就类似于一个人生病了，他的描述是"发烧咳嗽"。但有的"发烧咳嗽"并不严重，喝足热水捂捂汗就好了；但有的验血后发现是细菌感染造成的，那得打针吃药才能好；有的拍了片子发现是肺炎，还得挂点滴做雾化，而且这个治疗时间可比那个"喝水捂汗"的时间要长得多。

心理咨询师也是医生，是给心看病的医生，同样无法只从一句描述来判断"我这病严重吗"的问题？所以，我这本书里会给大家一些判断的依据，但是这些依据都只是为了引起对于可能存在的心理症状的警惕性。

在觉察了之后，接下来很重要的一步，就是要预约一名专业的心理咨询师来进行详细的分析和给出专业的建议。让专业的人做专业的事，否则在心理干预和调整中，在错误的时机做了正确的事情，其结果可能比什么都不做还可怕。

那既然心理困扰的求救信号要通过书中的案例来细说，那我这里就来说说到底什么样的迹象，能够表明孩子的安全感是充足的。

● 两个判断标准

在我大量的咨询经验中,主要判断标准有两个。

▍看孩子能不能面对自己的挫折

我们会看到有的孩子,输了就输了,那就再来一盘。他可能稍微有点生气有点烦恼,但不至于把棋盘一推,闹着再也不碰了。而有的孩子遇到挫折和困难,就会特别抓狂很容易全盘放弃,甚至迁怒于他人。

这样的孩子,周围让他控制不了的因素太多了,不安全感太大了,所以无法再接受另外一个控制不了的事情。

为什么很多孩子长大后总是报喜不报忧?因为他们觉得在外受伤、受挫都是自己做得不好,很丢脸,会被父母责骂,所以他们即使独自忍受痛苦也不敢向父母表达。

▍看孩子能不能直接表达自己的情绪和需求

我们总会看到有的孩子明明眼巴巴地看着外头,但当别人问"你要不要出去玩"时,他会回答说"在这里就挺好的"。这是因为他周围所处的环境对他的接纳度是他无法判断的。他无法确认自己的意愿能不能得到满足,所以他不敢把自己真实的想法表达出来。

我们在很多家庭咨询中看到,孩子常常会接收到父母"自相矛盾"的信息,导致孩子也是"进退两难",不知道要怎么做才好。比如,有的父母经常说"我只希望孩子健健康康成长,成绩差点我不在乎",但是看到孩子在家不主动看书,心里总是忍不住地焦虑,要去督促孩子花点时间在学习上。

这样的"矛盾性表达"会造成一个沟通陷阱,即"无论孩子怎么做,他都是不对的"。长期下来,孩子就会处于无所适从和必然失败的挫败中,产生严重的自我否定、自我怀疑。

随着孩子的不断长大,他们也会变成这样"矛盾性表达"的人,无法表达自己真实的想法，需要别人去猜他们的心思。比如，朋友问"今天想吃什么"，他会回答"随便"，但真的随便点了，他又会不开心，觉得自己的需求没有被满足。

如果对照这两点，你发现孩子的安全感确实不太够。那么，我们应该怎么办呢？这里我给大家提供三个办法。

● 三个办法

对孩子的需求，及时积极地响应和持续耐心地反馈

如果你去一个新的地方度假，那里的人碰巧都很和善，天气也很适合你，那个地方可能会让你产生美好的联想，日后你每次想到那里都会很怀念。

同理，如果婴儿对世界的第一印象是一个安全舒适的地方，一个有归属感的地方，他的生活会比较轻松。无论遇到什么麻烦，只要他觉得自己总是受到重视，有归属感，他就不会轻易偏离轨道。

所以，对孩子的需求，要及时积极地响应，也要有持续性、有耐心地反馈。让他第一时间知道，你了解了他的需求，并且会在一定的时间内给他反馈。而且家长对他的关心和陪伴，是因为家长对他"无条件的爱"，而不是因为"今天家长高兴"或者"今天孩子表现好"等有条件的外在要求。

如果孩子之前的安全感不够，就需要用3~6个月的时间来补课。不管孩子多少岁，都要像对待一个嗷嗷待哺的孩子一样耐心和宽容。等补上了课，孩子就能充满信心地往下走。

成年人需要以身作则呈现"努力的过程"

想让孩子学会面对挫折，那你有没有让孩子看到，你本来对什么东西不擅长，但是练习了很长一段时间后你做得很好的过程？

比如，每次我在音乐会需要演出新的曲目，我都会在家练琴。我的女儿元元就会真切地感受到，妈妈拿到一个新的谱子时也会拉得很难听。但在一

遍又一遍地刻意练习之后，最终，我们能够上台演奏出美妙的乐曲，并且可以在舞台上享受鲜花和掌声。

这种"不断练习""持之以恒"的坚韧，以及"不轻言放弃"后所能得到的喜悦，都不需要我用说教的方法强行灌输到她的头脑里。所以，虽然元元拉琴也会因为拉不好而大哭，但是她明白，只要她继续练琴，就会拉好。所以在过程中，她会气馁，但是不会放弃。

所有人要逐步学着"一致性表达"

每个人都需要坦诚自己的感受，减少给他人提供矛盾的信息。吵架了就是吵架了，不开心就是不开心，不需要憋着压着，希望营造出虚假的和睦。只有大家都能够学会自我表露，表现自己的情绪，孩子才能够建立起安全感和对他人的信任感。

比如，你可以这么跟孩子说："今天被老师批评了，我还真觉得挺丢人的。你陪我喝杯奶茶吧，别戒糖了。"每个人都是普通人，都有喜怒哀乐，也会有不开心的时候。而且这些情绪并不是不好的事情，是可以表达出来的，这样下次他有不开心的时候，也会主动告诉你他的感受和心情。

同时，你告诉孩子，他做些什么能让你感觉舒服。这时，孩子也会很开心，他觉得自己是被需要的，自己能够帮妈妈做一些事情，这些就是一个不断建立孩子自信心的过程，他会觉得自己是有能力的。而且下一次，他也会有模有样地学着来向你寻求帮助。

除此之外，和谐的夫妻关系是孩子健康成长的定海神针，让孩子处于一个相对稳定的、有爱的环境，比什么都重要。在充满爱的家庭里长大的孩子，他们身上强大的自信感和安全感，是很多人一辈子都模仿不来的。

如何阅读这本书

这本书的每个章节，都是由三个板块组成的：

→ 第一板块：每章的第一篇文章，是用"看画读心"技术来了解自己的内心。

→ 第二板块：每章的第二篇到倒数第二篇文章，是用案例和理论来展示抑郁的方方面面。

→ 第三板块：每章的最后一篇文章，是运用"情绪管理训练营"中的情绪工具来帮助你摆脱情绪困扰。

在说明每个板块我建议如何阅读和使用之前，咱们先来看一个我常常被问到的问题。

在我的微信公众号"婷婷的心理会客厅"的后台，总会收到这样的提问："婷婷老师，我最近总开心不起来，我是不是抑郁了？"

这又是我在很多场合都要纠正的一个错误概念：抑郁不等于不开心！有可能这个人确实不开心，但他并不是抑郁；也有可能一个人真的抑郁了，但他并没有觉得或表现出不开心。

前者比较好理解，比如最近学习紧张或同辈压力比较大，总是板着一张脸，但整个人是有斗志的，一点都不抑郁。而后者很容易被大家误解和忽略，认为"他有时候还和我们开玩笑呢，怎么就抑郁了"？

姑且不说逐渐被大家熟悉的"微笑抑郁症",其实就是"脸上挂着笑,心却在滴血",就说我做过的很多抑郁症的来访者,他们对我描述自己抑郁时的感觉都是:我没有不开心,也没有很开心,我和这个世界隔着一层纱!

这也是为什么我在上一部分到说再资深的心理咨询师也无法通过一句话的描述,就做出"我是不是抑郁了"的判断的另一个重要原因。如果通过一句话描述不能判断的话,那需要通过哪些因素才能判断呢?

对于任何一个来访者,一个负责任的心理咨询师至少要从横向和纵向两个维度来描点判断(这个也适用于自判断)。横向和纵向两个方面分别指什么呢?

> →横向维度:可以理解为"静态维度",即围绕这个人及其周围目前发生的一切。比如:最近他周围发生了什么样的事情,身体各方面有着怎样的变化,身边的人际关系有着什么样的调整,最近看了什么书、刷了什么剧、关注点发生了什么样的变化……

"啊!单单是横向这一个维度,就要考虑这么多因素呀!"

对的,确实有一些心理咨询师不问这么多,只是给来访者做一张量表,做完核对分数,给出判断。但我对于自己作为一名心理咨询师的要求是:要基于你面前的这个人的各个方面去做出综合分析和判断,而不要单单基于你脑子当中的书本知识去做出判断。

> →纵向维度:可以理解为"历史维度",即这个人之前都经历了什么。比如:他的原生家庭、养育环境、兴趣点的变迁、情绪波动曲线……

"啊!过去的事情还要聊呀,那万一遇到不了解的或者不想说的怎么办?"

对的，如果是做自我判断，确实有很多我们的意识层面都遗忘了的事情，却在我们的潜意识里打着结（也就是很多人说的"心结"），如果是给自己周围的人做判断或心理咨询师给来访者做判断，很容易出现对方不想说的情况。那怎么办呢？

对于我来讲，如果单纯用心理咨询的沟通技术，无法得到充足的信息，做出最准确的判断，那么我会使用催眠技术。在不需要来访者说很多甚至不需要来访者主动配合的情况下（很多被父母带来做调节的孩子，在调节初期是完全不配合的状态），看到他潜意识中所表现出的行为反应模式和情绪波动规律，帮助他战胜心魔，找回自己。

本书中的很多案例会涉及一些催眠调节的过程和分析，但具体的技术细节不会涉及太多，因为毕竟这不是一本讲解催眠技术及其案例的书。如果对于更多的催眠原理及被催眠之后是什么样的感觉、能解决什么样的问题感兴趣的朋友，可以到我的公众号"婷婷的心理会客厅"中搜索关键字"催眠"，获得相关文章。

那你可能会说："婷婷老师，我知道催眠是和潜意识打交道的，所以催眠分析出来的内心纠结点确实很深入准确，而且催眠调节因为不需要对方配合，确实效果会很好。但是作为一个普通人，我又不会催眠，那我怎么才能全面评估我自己或我周围人的状态呢？"

答案是"看画读心"！也就是你在读这本书时，会在每一章的最开始看见的那幅画以及从这幅画中分析出的作画人的情绪、状态以及他情绪困扰的根本原因。

● 每章开端的"看画读心"该怎么使用

一直以来，我都有在知识星球App"婷婷的心理会客厅"中日更"看画读心"的分析，每个被分析到的人都惊异于分析结果竟然可以如此准确。

我对每幅画的提交者的背景都是不了解的，但分析出来的他们目前的状态、纠结点、性格特点，以及别人对他们的评价，都是被本人、伴侣和朋友强烈认同的。

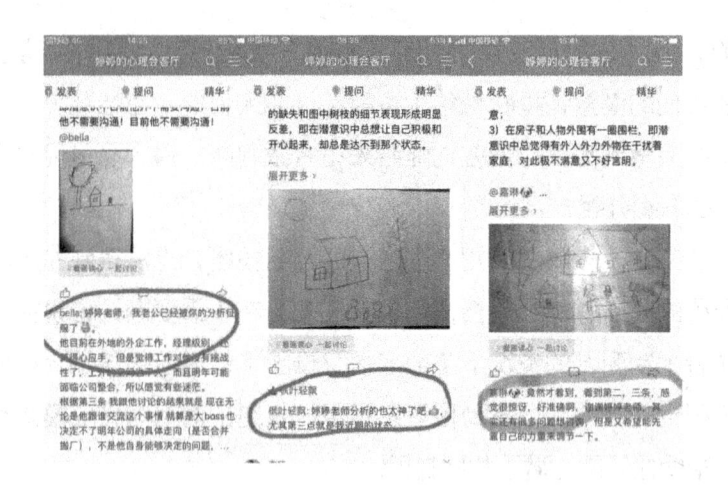

图1 画作提交者对我的分析的反馈

如果说我只是准确地分析了一两幅画，那么你可能会说我是运气好、蒙对的，或者说我准确分析了三五幅画，可能是说者无心听者有意，但是我已经准确地分析了700多幅画，并且画的提交者的年龄小到3岁，大到70多岁，男女老少都有……

那么，"看画读心"背后的科学原理是什么呢？适用于什么人群呢？

什么是"看画读心"？

"看画读心"在心理学专业中的叫法是"绘画心理学"。它是一项专门的心理分析技术，是心理系学生在读研究生时要修的一门专业课。看画读心主要是通过从心理学和投射原理来分析一幅画，进而触达来访者的内心和潜意识。

绘画作为一种心理的无意识投射，能够反映人们内在的潜意识层面的信息。这种通过分析绘画进而分析心理状态的方法，叫作"绘画心理学"，属于心理投射测验的一种。

对于这个定义，你可以这样来理解：人的心理状态和潜意识，就像是一张用隐形墨水写就的机密文件。你一直拥有这份文件，但是因为没有显影液，所以你无法阅读和理解这份文件。那么，"绘画心理学"是什么呢？是"显影液"。通过显影液，原来机密文件中用隐形墨水写的内容，就可以清晰地呈现出来，供你阅读和理解。

也就是说，"看画读心"就是这样把人的心理状态和潜意识，由之前存在但不可见的状态，通过"看画读心"的过程，分析和解读出一个清晰且准确的脉络。

● 婷婷的心理会客厅 | 投射原理

心理投射经典观点认为投射是一种防御机制，是一种将自身拥有的或者难以接受的想法、感受、特质或行为归于他人的心理过程。它能帮助个体保护自己避免所知觉到的危险，并缓解难以忍受的焦虑和冲突。

绘画疗法以心理投射为基础，帮助来访者将自体不被接受的方面"转移"到他人身上及作品上，通过创作作品来表达自己的情感和经历，从而缓解紧张以及摆脱心理焦虑和问题行为的困扰。

我们通过场景来了解一下"投射"这个词：有一个人伸出手准备拿起案台上的杯子——你以为她要喝水，而你的朋友却认为她想挪开杯子，以避免掉到地上打碎杯子——但是，真正的答案只有伸出手的那个人知道，此时你对她的动作的解读是"口渴"，你朋友的解读却是"安全"。

这种"不自觉"将个人主观的需求、态度、感情倾注到外在的人、物身上，并进行自主的解释，就叫投射。按照这个逻辑来说，一旦我们知晓了个人对某件事的看法，便有可能依靠反推来认识他的内在主观世界。而这个倒推的过程，即是投射技术。其中的"不自觉"，精神分析学家们把它称为潜意识。

当我们将投射技术运用在心理测验中时，它的名字叫作"投射测验"，通过投射测试，我们可以绕开意识去解读潜意识，观察到受测者隐而不显的内在人格，比如心理学技术中的"看画读心"、OH卡、罗夏的墨迹测试等。

▍为什么要用"看画读心"？

用"看画读心"来分析一个人的心理状态，与普通的自我审视、内心对话有什么不一样呢？这就要涉及人在画画和说话的时候，所使用的不同的大脑部位了。

我们都知道大脑分成左右半球，由于大脑功能的偏侧化，左半球以语言、计算、逻辑思考为主；右半球以图形、艺术、情绪感觉为主。就像美国心理学家莱伊所说的"用左脑的钥匙，打不开右脑的锁"。所以，想用左脑的语言沟通和逻辑思辨的方式来搞清楚右脑的情绪感觉，不是不行，但是很难。

绘画是人类天然的自我表达，就像我们开心的时候，会不自觉地画出笑脸，但是在我们悲伤的时候会随手画出哭脸一样。美国首位家庭治疗专家萨提亚用了一个非常形象的比喻：人类的心理状态就像一座漂浮在水面上的巨大冰山，能够被外界看到的只是冰山一角，被称为意识，即我们人类可以轻易看到、觉察到的一部分，仅占5%；而埋藏在水面以下的一大部分，都是人类的潜意识，潜意识约占95%，是那些长期压抑并被我们忽略的"内在"。因此，揭开冰山的秘密，我们会看到生命中隐藏的渴望、期待、观点和感受，看到真正的自我，才能达到疗愈的目的。

绘画心理学是解密潜意识、与自我对话的一种很奇妙的方法。特别是因为绘画是符号，没有价值判断的影响，所以人们对绘画的心理防御比较低，这样在自由地表达后，理清了自己的思路，把具体的东西抽象化，有助于增进对自我的了解，形成新的自我概念。

● 婷婷的心理会客厅　**大脑功能的偏侧化**

两侧对称的身体导致脑分化成左右两半，大脑功能的偏侧化促进了这个趋势。20世纪80年代初，美国加州理工学院思佩里博士通过割裂脑实验，证实了大脑不对称的"左右脑分工理论"，并因此在1981年荣获诺贝尔医学——生物学奖，这是脑科学研究的重大里程碑。

大脑分为左脑和右脑，左脑与右脑这两个半球是以完全不同的方式在进行思考的。左脑偏向用语言、逻辑性进行思考，而右脑则是以图像和心像进行思考，并以每秒10亿位的速度彼此交流，因此大脑的两个半脑是互相支持、协调的。

左脑最主要的机能在于具有语言中枢，掌管说话、领会文字、数字、作文、逻辑、判断、分析、直线，因此也被称为"知性脑"，比较偏向理性思考。而右脑掌管着图像、感觉、绘画、音乐等能力，又被称为"艺术脑"，具有韵律、想象、颜色、大小、形态、空间、创造力等抽象思维，负担较多情绪处理，比较偏向直觉思考。

左右脑的运作流程是由左脑透过语言收集信息，即把视觉、听觉、触觉、味觉、嗅觉接收到的信息转换成语言，再传到右脑加以印象化，接着传回给左脑逻辑处理，再由右脑显现创意或灵感，最后交给左脑进行语言处理。

什么人适合用"看画读心"来分析内心？

"看画读心"适用于所有三岁以上、能够拿住画笔的人。

我来解释一下这两个要求：

→ 为什么要求"三岁以上"？因为三岁以下的孩子还处于涂鸦阶段，其画作不具备分析因素。所以，可以进行"看画读心"分析的最小年龄是三岁，即三岁以上都可以进行"看画读心"的分析。

→ 为什么要求"能够拿住画笔"？因为笔画的长短、力度、平滑程度等，都代表着作画人内心的情绪和状态。但如果是因为疾病或者其他原因导致拿不住笔，比如帕金森患者在作画时会出现落笔线条的反复涂抹，那么这个"反复涂抹"会误导"看画读心"的分析结果。

图画所传递的信息量远比语言丰富，表现能力更强，而且这种方式能够在不激发起一个人的逻辑思考和道德判断的情况下，即绕过人的心理防御机制，把内心的真实状态呈现在纸面上。

所以，这就很好地避免了因为心里有顾虑，而自觉或不自觉地说谎和假装；也能避免因为知道自己肩上的责任或有较严格的道德评判，而无法允许说出自己内心的想法和困惑。当绕过心理防御机制，找到真正的心结之后，才能把时间真正用在解决问题上，而不是把时间浪费在了寻找问题、辨别话语的真伪上。

它适合所有的人群，尤其适合语言表达不丰富的人，特别受儿童喜欢。而对于大一些的青少年，他们的三观正是处于打破、塑造、再打破、再塑造的阶段，有时候连他们自己都搞不清楚自己到底在想什么、要什么、逃避着什么。所以，虽然这个年龄段的孩子已经具备了丰富的语言表达能力，但是因为他们还无法完全了解自己的想法，因而也无法顺畅直接地表达出来。

我们姑且不谈叛逆期的孩子们时常会故意说一些言不由衷的话进行所谓的"沟通"，即使是他们诚心想解决困惑的沟通，也会因为无法真实表达自己，而使得沟通过程一直在表面上绕圈圈，无法有效地深入下去。所以，很多和孩子们的沟通的分析，都把时间花在了寻找真正的问题上，而没有有效地花在寻找问题的解决方案上。

对于孩子们来说，时间是最浪费不起的。所以，要把时间用在刀刃上，这样才能真正帮到孩子。否则，耽误的不仅仅是孩子的情绪困扰，更是孩子的自信和自我效能感。

"婷婷老师，孩子只不过是情绪困扰，顶多就是心情不好，耽误学习。但如果家长对学习没有那么高的要求，应该也不至于降低孩子的自信和自我效能感呀？"

不是的！你把孩子们的思路想得太简单了！当一个孩子发现自己在一种情绪里沉沦，而且一段时间内自己的努力左冲右突却怎么都无法突围时候，他对于自己的评价就不再是"我最近总是不开心"，而是"我这个小情绪都解决不好，我以后会遇到的那些大问题我怎么能解决好呢？哎……我太差了。既然努力了也没什么用，那我为什么还要继续努力"。

当孩子出现了这种想法的时候，就是他的自信心和自我效能感被影响了。当影响的程度变得比较严重了之后，孩子轻则佛系躺平，重则厌学厌世。

其实即使在孩子已经躺平了的时候，仍然是可以被调节的，孩子积极向上的原动力仍然是可以被激发出来的。但为什么很多孩子都被错过了呢？

因为这个时候的孩子仍然是去上学的，只是变得对学习不在意、对成绩不在意，似乎对什么都不太在意了。周围人虽然说不出来什么不好，但又总觉得这样没有很好。所以，通常最后只会用这样一句话来概括：这个孩子很佛系！如果这个时候，我们找到了孩子"与世无争、佛系"的真正原因，并有效解决了之后，孩子的状态就能迅速得到提升。

● 婷婷的心理会客厅　**自我效能感**

"自我效能感"指个体对自己是否有能力完成某一行为所进行的推测与判断。美国著名心理学家班杜拉认为：人们对自身能否利用所拥有的技能去完成某项工作行为的自信程度就是"自我效能感"。

班杜拉认为除了结果期望外，还有一种效能期望。

结果期望指的是人对自己某种行为会导致某一结果的推测。如果人预测到某一特定行为将会导致特定的结果，那么这一行为就可能被激活和被选择。例如，孩子感到上课注意听讲，就会获得他所希望取得的好成绩，他就有可能认真听课。

效能期望指的则是人对自己能否进行某种行为的实施能力的推测或判断，即人对自己行为能力的推测。它意味着人是否确信自己能够成功地进行带来某一结果的行为。当人确信自己有能力进行某一活动，他就会产生高度的"自我效能感"，并会去进行那一活动。例如，孩子不仅知道注意听课可以带来理想的成绩，而且还感到自己有能力听懂教师所讲的内容时，才会认真听课。

人们在获得了相应的知识、技能后，自我效能感就成为行为的决定因素。

比如，我曾经做过的一个高三男孩的心理咨询和催眠调节，眼看着还有几个月就高考了，但是孩子突然躺平了。一开始只是表现为写作业磨蹭，要拖到很晚才能写完作业睡觉。慢慢地，晚上实在犯困、写不完作业，就早晨早点起，把作业写完。之后，发展为晚上写不完，早晨也起不来，作业干脆是能写多少是多少。其实在这个过程中，家长始终都在关心着孩子、和孩子谈心，看到底怎么才能提高孩子的学习效率。但是每次似乎谈得都挺好，分析了现状、定位了问题、摆正了心态、制定了方案，但之后一切照旧，甚至孩子磨蹭的情况也变得越来越糟。

直到孩子连续一周都不再写作业了而且还表现得不着急时，家长才真的着急了。也直到这个时候，家长才意识到需要找心理咨询师来帮助孩子。

我见到这个男孩的时候，第一感觉是他懂礼貌、举止得当，脸上一直挂着得体的微笑。我先和他聊了几句，发现他既没有闪烁其词地拒绝我，也没有想竭尽全力去配合我，只是那样淡淡地有什么说什么。从我的经验判断，孩子的所有回答都是浮于表面的，再这样聊下去，进展很慢。

于是，我打算换个思路，让他画一幅画，绕过他的那些逻辑思考和道德评判，直接让他的内心得以呈现。画画的题目，我选择的是绘画心理学中的经典命题——"房树人"。

"房树人"中的树是孩子们集体潜意识中的自我积累、学业发展、学习动力的心理投射。我看到孩子画的树依然是一派欣欣向荣的样子。这说明孩子对于学习本身并没有特别厌恶和抵触，甚至孩子对学习乃至高考还是有期待的。那么，他的躺平和佛系是从哪里来的呢？

突然我注意到了，"房树人"中人的形象，人物的第二性征在画中被特别地描绘了出来。虽然在"看画读心"的画作中会出现为了表明人物的性别而画出第二性征，但像这个孩子的这种表达方式一定代表着最近他内心正在纠结与性有关的问题。

于是，结合画中所反映出的其他的内心表征，我有了和孩子沟通的方向和思路。结果，孩子在高三的重要关头突然丧失了学习动力的真正原因被找到了！而这个原因，不是压力太大、不是睡眠太少、不是学习态度不正确，而是一个周围人无论如何都猜不到的原因。

孩子说："婷婷老师，我知道我的主要任务就是学习。特别是在高三这一年，我更应该心无旁骛地努力学习。但是，从这学期开始，我突然失去了对我自己的控制，我很想管住我自己，但是我做不到，我成了自己讨厌的人，我觉得自己道德败坏，我没有办法面对这样的自己。我怕这样的我如果学习了更多的知识，会更无法控制自己心里的恶魔，所以我还是不要学习了。"

说完这些，孩子停住了。我知道虽然在我前面用"看画读心"做沟通引导的过程中，孩子已经决定要说出自己的心结了，但是因为对他来讲太难以启齿了，所以虽然他铺垫了这么多，内心中仍然做着最后的挣扎，而他到底要不要迈出这一步，决定着我能不能帮他重新找回自我、找到动力。

孩子顿了很久，我就一直等着他，等到孩子再次开口。他说："我……自慰，每天晚上都自慰。这种行为对我来说太龌龊了，我接受不了这样的自己！"

看到这里，你可能会哑然失笑，甚至觉得青春期的男孩子有自慰行为，多大点儿事。是的，你眼中的一粒沙，可能是别人心中翻不过去的一座山！这个男孩子学习停摆的原因，就是他接受不了自己自慰，但又控制不了自己的自慰！或者更进一步说，这个男孩子用放弃学习、自毁前途的方式，来作为自己自慰的惩罚！

这也印证了为什么"看画读心"中代表着孩子自我积累和学习动力的树的形象依旧是欣欣向荣的，因为他知道自己的学习能力是不错的。而他也正是在用摧毁自己能力的方式来给自己最严厉的惩罚。而之前孩子周围的人和他苦口婆心沟通的出发点都是错误的，都没有触及根本问题。在大家的关心下，孩子更是羞于提起自己内心中感觉最不堪的一面。这也是为什么聊得都挺好，之后却没效果。

搞清楚了孩子的心结，在接下来一个疗程的调节中，我用催眠调节的方式帮他慢慢卸掉了内心中的压力。对于青春期的孩子来说，频繁自慰意味着他们的压力太大了。这时帮他们有效地释放压力，自慰频率就会随之降低。

果然，在做第六次疗程时，孩子的压力已经稳定在一个比较良好的状态了，孩子依旧是带着得体的微笑告诉我："婷婷老师，我这阵子很少自慰了。我的罪恶感也减少了，不那么鄙视我自己了，我觉得我在慢慢学会控制我自己，所以我又开始努力学习了！"

▌每章开篇的"看画读心"应该怎么使用？

每章的"看画读心"我都会以一幅孩子画的画为主要内容，从他的画来分析他的内心状态以及情绪纠结点。很多内心纠结点的心理映射方式，都是有相通的地方的，这也正是人类集体潜意识的一个最直接的展现。

在每篇"看画读心"文章的后面，我都会总结一下这幅画的分析里面普适的知识点。你可以使用这些普适的知识点，来分析你在文后留白处画下的自己的画作。当然，每篇"看画读心"都有很多独特的知识点和分析点，如果你想让我从专业的角度来分析，你也可以把你的画拍照之后，提交到知识星球App"婷婷的心理会客厅"（可以选择实名提交或匿名提交）。

你会不会担心"如果我都知道该怎么分析了，那会不会再做就不准了"？

不会的！不管做过多少次"看画读心"的分析，不管了解多少分析的知识点，只要画画就会反映出当前最真实的状态。因为，潜意识不会说谎。而且对于专业的心理咨询师来讲，从来就不是凭画中的某个点就作出分析的，而是根据多个线索综合考虑的。所以即使一个人知道某一个点，他也不可能把所有的分析点都规避掉，所以这也是为什么"看画读心"可以反复画、反复做、反复进行分析和觉察的。

那你可能又会问了：如果希望及时掌握自己和亲人的真实状态，应该多长时间做一次状态自测的"看画读心"呢？

如果是对于自己或家人，想像"隔些日子称一下体重来掌握身材情况"一样掌握情绪和状态的情况，那可以2个月左右画一幅画来分析。也就是说，一年画5～6幅画就可以帮助你真实地了解自己和家人，及时调整沟通方式和避免踩雷。

如果最近的情绪波动比较大，可以1～2周画一幅画来紧密观察自己的心理和情绪状态。在我的知识星球App上，有人曾在连续两个月内提交了8幅画来分析，就是因为她突然遇到了一些很让人纠结的事情。她希望搞清楚自己的状态,并找到突破点,故而每周画一幅画来分析。

● 每章结尾的"情绪管理"文章该怎么使用

▎什么是情绪管理?

小时候,你是不是总会傲娇地认为:心情好的情况下,才会打扮自己。等长大了,你才突然明白:在打扮完自己后,自己的心情就会变好!

同样地,关于"内心强大VS情绪管理"这个命题,涉世未深的我们总会以为:等我内心变强大以后,我才可以管理自己的情绪。而事实是:在学会管理情绪后,我才会变得更强大!

把错误的"因果设置"翻转过来,是提高情绪力的第一步。第二步就是找到有效的解决方案。对于第一步,如果想清楚了,一分钟就可以搞定;而对于第二步,就算想清楚了,也需要一个长期的"摸索、练习、尝试、反馈、改进"的循环过程。情绪力的精进和任何软技能的精进一样,是波浪式前进和螺旋式上升的。所以,想调节焦虑,做情绪力的学习和提高,一定要有"坚持学习、刻意练习"的思路。

比如,我以前也经常处于"情绪不受控,总被人操纵"的窘境。回想当年我还在摩托罗拉做软件研发项目经理的时候,明明知道人家就是要在众人面前激怒你,让你焦虑,看你出丑。但是,知道归知道,可就是控制不住自己的情绪,当场发飙,显得很不专业,很没有格局。

几次被动的情境之后,我下决心一定要找到方法,做到"焦虑不焦虑,我拿大主意"。于是,在经过不断地分析总结,我终于找到了能够有效调节焦虑的"情绪管理三组件":

→用"情绪流程图"来管理情绪;

→用"自我沟通法"来提高情绪的耐受性;

→用"情绪加油站"来提升情绪的积极度。

经过多年反复地练习和实践,我不仅用它来每日践行自己的情绪管理,也把这套方法运用在心理咨询和催眠中。在为世界500强公司提供情绪管理讲座的同时,也长期为企业的中高层调节心理和情绪状态,并成为多位CEO的私人状态调节顾问。

在做过的上万个小时的心理咨询中,我发现其实很多严重的抑郁焦虑困扰或关系沟通困扰,如果在最初的时候可以及时地用"情绪管理三组件"来提升自己的情绪力,那么就不至于发展到失去欢乐、失去意义、失去自我的程度。而且更进一步的是,当我们把自己的情绪搞定了以后,周围很多看起来不可理喻的人也会变得温柔和理智了。

在做了情绪管理后,管理好了的并不仅仅是自己的情绪。其实,世界是你的一面镜子,你是什么样的人,就能够折射出什么样的世界。你是什么样的人,决定了你会遇到什么样的人。而你想遇到什么样的人,决定了你想成为什么样的人。你看这个世界的眼光,决定了这个世界对你的态度。你是怎样,你的世界就是怎样!

有些挫折,我们是一定要经历的;有些苦楚,我们是一定要品尝的。如果不能改变风的方向,就要想办法调整风帆;如果不能改变事情的结果,就要改变自己的心态。我们没有能力确保自己一直一帆风顺,但起码可以学会虽然身处湍急的漩涡之中,手中却紧握着那根能够把自己拉回去的有力的绳索。就像喜怒哀乐是人之常情,我们无法只享受喜和乐,消灭怒和哀。但我们可以在自己或者家人朋友情绪低沉的时候,用一些情绪管理的小工具把他们拉回来。让我们一起来做情绪的主人吧!

为什么要做情绪管理?

来说说我之前做过的一个优秀孩子突然抑郁厌学的心理咨询和催眠调节案例。女孩现在上初二。孩子之前在学校里,学习成绩一直保持在前三名。在校外的学科竞赛、乐器、航模等比赛中也都是力拔头筹。

但从找到我的前一个学期开始,她的同学关系就出现了问题(和同学拌嘴打架、被同学孤立嘲笑)、师生关系出现问题,并且出现上课走神、听课效率下降、做作业磨蹭拖沓、在规定时间内无法写完试卷、学习成绩显著下降等情况……

寒假里，孩子多次在家里哭着大喊："他们都不喜欢我，没人喜欢我，我死了算了。"开学后，孩子开始出现拒绝上学的情况。

孩子出现这个情况，把家里人急坏了。她周围的亲戚朋友，包括孩子的任课老师看在眼里、急在心里，都帮着出主意。但是，大家有着完全不同的想法和建议。

有的说："孩子目前太过紧张、焦虑和抑郁了，需要缓一缓。多给她些宽容，少些要求。"也有的说："孩子这么玻璃心怎么行？得更加严格管理，不能仗着聪明就来劲，要多捶打，得禁得住事儿！"

家长听着这么多声音，顿时没了主意，赶紧让我给孩子做心理咨询和催眠调节。我和孩子聊完、做完"看画读心"之后发现：这个孩子确实智商高、很聪明，也确实玻璃心、很敏感。她的成绩下滑、厌学情绪和自杀倾向，确实都是由不良的同学关系引起的。那是不是真的要像上面说的"要更严格，多捶打"呢？

当然不！因为智商高的孩子，本来就多是敏感的孩子！正因为他们敏感，才能够敏锐地捕捉和深入地理解信息，所以他们学得才比别人快、成绩才会比别人好。这种孩子在心理学上被称为是"兰花型"的孩子，与"蒲公英型"的孩子相对。

但同时，也正因为他们的敏感，所以周围环境的任何一个负面暗示，都会被他们敏锐地捕捉到并不断放大。所以，当某位同学说了一句"你太好笑了"，会被她放大为"全班同学都在嘲笑我"；当另一个同学调侃了一句"你傻吧"，会被她理解为"他们现在都觉得我很笨"……

结果，学校和学习让她越来越委屈、伤心和痛苦，而曾经的好成绩又让她自惭形秽，于是她生气、愤怒、逃避，结果就出现了厌学情绪和自杀倾向。

●婷婷的心理会客厅　兰花型孩子和蒲公英型孩子

环境和基因到底怎样对孩子起作用，又有多大作用，是至今都很难解答的问题。但心理学家们发现，有一些孩子似乎比别的孩子对环境更加敏感，并且更容易受到外在环境的影响。

有人根据这种敏感性，将孩子分为两类：兰花型的孩子和蒲公英型的孩子。

兰花优美精致，但是对环境的要求很高，如果能够给予它们细心呵护，它就能开出惊艳的花朵；蒲公英则相反，它们总能很好地适应环境，需要的土壤不多，营养不多，在很多条件恶劣的环境中都能蓬勃生长。但把它们放在一个最适宜生长的环境中，它们的生长状况也不一定比恶劣环境中好很多——顶多多开一些花，结出更多的种子。

这两种花就像两类孩子，兰花型的孩子对环境相当敏感，而蒲公英型的孩子则对环境不怎么挑剔。

为什么会有这两种差异很大的孩子呢？部分原因可能是由基因造成的。

剑桥大学马利纳斯教授认为，如果孩子拥有一定量的、较低效的多巴胺相关基因，会在消极的环境中表现得更糟。然而，如果环境变得积极起来，这些孩子会最大限度受益。

剑桥大学一项研究发现，不同的孩子拥有着各式各样的多巴胺受体基因，与一种基因和注意力缺乏症有关。如果让这种基因型的孩子进入一种专门的、支持他们的环境中，他们的学习效果比不是这种基因型的孩子更好。但遗憾的是，通常的课程设置是不适合这些孩子的。课堂环境对他们来说太嘈杂或者太混乱，他们在课堂中表现都不好。

这一研究说明了一个事实：如果孩子表现不好，也许是因为环境并不适合他这类人。如果孩子能够找到一个适合自己的环境，他的表现可能比其他人更好。

每一个人都有自己的特点，有时表现不出色并非因为孩子差劲，而是因为他们没有找到适宜自己特点的环境。父母或者老师应该尽量避免给孩子贴上"愚蠢""差生"等的消极标签，教学环境是按照标准化设置的，并不适合每一个学生。某些教育标准看来是缺陷的特质，或许放在另一种环境中将成为孩子巨大的优势。

那么，对这类"高智商、高敏感"的孩子该怎么办呢？要多宽容、多接纳！

不要担心这种宽容和接纳，孩子会就此任由成绩下滑。这类孩子对自己都是有要求的，你不逼他，他也会逼自己，所以周围环境要给她加倍宽容和接纳。就拿这个孩子对自己的要求来说，即使她已经拒绝上学了，在我问她对哪门功课最不满意时，她对我说："婷婷老师，我对自己的语文最不满意。因为，我的作文最近拿不了满分了！"作文满分？这是什么人才会对自己有的要求呀！

你可能会说："即使这种孩子对自己有要求，也不能让周围环境给他们加倍的宽容呀？世界又不是围着他们转的！"

确实是这样的。所以，除了要在可控范围内给他们更多的宽容和接纳，让他们补足内心自带的匮乏感；更重要的是，要教会他们情绪管理的各种工具，让他们能够觉察自己的情绪，在情绪不太对的时候就做好早期干预，并且在自己觉得气馁和受伤的时候，及时喊停并且向外界求救。他们要清楚地知道，因为他们与生俱来的敏感度，就是容易被外界环境影响到自己的情绪，所以更要学会敏感地觉察情绪和及时地拯救情绪。

所以，在给这个女孩子做心理咨询和催眠调节的过程中，我除了用催眠调节的方式帮助她降低对于学习和同学关系的焦虑，还在她回校前让她反复练习了给自己的情绪打分、用"三个为什么"来寻找情绪触发点以及制作自己的"情绪流程图"。

在孩子回学校之后，虽然也会偶尔和同学吵吵闹闹、经历学习上的浮浮沉沉，但她始终在练习掌控自己的情绪，没有让情绪再度失控。几年后，在进入自己梦想的高中之后，她对我说："婷婷老师，我想是因为对于自己情绪的掌控感，慢慢让我建立起了一个信念'问题确实很多，但方法总比问题多'!"

● 每章结尾的"情绪管理工具"应该怎么使用?

每章结尾的"情绪管理"文章,我会以案例分析的形式带着大家一起练习"情绪管理工具"的使用。并且,我还会在文章的最后,再总结一些这次学习的"情绪管理工具"的要点和格式。

我建议你在学习完这个情绪管理的工具后,重新看一遍前面的案例。在书的空白处写下用"情绪管理工具"分析下来的书中的案例和你的心得。就像南宋诗人陆游在《冬夜读书示子聿》中写到的"纸上得来终觉浅,绝知此事要躬行"。

在这样练习过后,你会发现什么?

每章结尾的"情绪管理工具"都是不同的,如果五个章节中的内容串起来,恰恰就是我的7天线上情绪管理训练营中前六天的内容(本书的第四章节包含了训练营中的两天的内容)。也就是说,如果你能跟着认真地练习下来,其实你就已经掌握了一套系统的方法来管理自己的情绪了。而且开始你只是单个工具孤立地运用,当你使用得熟练了之后,你就可以把这些混合起来打组合拳了,那时候你会发现自己真的可以做到"心随我动"了!

当然,因为书中篇幅的原因,我无法写太多的案例和工具的变形运用来帮你举一反三,我甚至都无法确定我所表达的是不是你所接收到的——这也就是心理学中的"透明度错觉"原理。所以,如果你有任何问题,都可以关注我的微信公众号"婷婷的心理会客厅",相信那里会有帮助你的方法。

●婷婷的心理会客厅　透明度错觉

透明度错觉,指的是在沟通中每个人都以为他人能够清楚地了解自己所传递的信息,从而产生一种错觉:"我与他之间的沟通是透明的、无障碍的。"除此之外,人们通常还会以为自己完全了解对方所传达的信息,这往往会直接导致误解的产生。

也就是说，我们总是误以为，只要我们说出来的话，就会100%被对方清楚地接收到；而对方说出来的话，我们也会很自然地觉得轻轻松松就能完全理解到。所以，你以为你说清了，他以为他听懂了，然而，事实并非如此。

实际上，在日常沟通中存在信息衰减的现象，就像我们以前都玩过的"传递猜词"游戏，第一个人看到原词语，然后用比划或者声音肢体传给下一个人，每次传递一定会有错误遗漏之处，再经过一个人一个人地传递下去，最后那个人往往会说出一些啼笑皆非的词语。

在生活中，两人的沟通也是如此。在你向对方提出一个要求的过程中，至少会经历五个环节：你脑子想的要求——你说出来的要求——对方听到的要求——对方脑子里理解的要求——对方执行的结果。

其中，每个环节一定不是100%的信息传递，而是会衰减损失20%甚至更多，所以经过一个环节一个环节传递下去，不断地误解、错解、删解，最后对方执行出来就相去甚远了。更不用说，在沟通中两个人的情绪、语气、表情都会影响到最后的结果。

用公式来看的话，假设你脑子里想要表达的内容和需求是100%，最后你看到对方执行的结果往往只剩下：100%×80%×80%×80%×80%=40%！所以，有时候你以为的其实不是你以为的。

● 每章开端和结尾之间的案例分析文章该怎么使用？

每一篇案例分析文章中的案例都是真实发生的，但为了保护隐私，其中的细节信息已经被我模糊化处理了。为了更好地呈现当时事情和情绪发生的经过，并且能够清晰地展示调节过程，以方便大家理解和运用，文章中透露出来的细节也是经过了差异化处理的。所以，请大家都不要对号入座。

随着我接触的心理咨询案例越多，越有这样一个深刻的体会：开心的孩子各有各的开心，而不开心的孩子有着一些相同的行为模式和成长经历。虽然每个孩子都是特别的，他们所经历的事情也不相同，但在做完上万个小时的心理咨询，在看到一些孩子3岁、6岁、16岁、26岁，乃至36岁的样子时，我会突然发现：天呐！这个孩子在3岁时经历的，不正是那个36岁的人描述过的他儿时的遭遇吗？

比如，一些中学里学习成绩中等的孩子，突然会因为觉得没劲就不想去上学了。这样的孩子虽然各有各的故事，但是抽离出来基本都有这样一个大致的脉络：小学过得还不错，也有比较好的朋友，而且这个好朋友虽然没有和他一起上同一个中学了，但两个人还是保持着比较密切的联系；同时，这个孩子在中学里也有朋友，但是这些孩子的性格都偏深沉；孩子爱看一些有深度的、反映人性的书；虽然在不肯上学前，孩子的情绪已经持续低迷了很长一段时间，但是只要他在朋友们当中，他永远是接着朋友们倒的苦水的那个人，而他的苦水却没地方倒……最后，朋友们仍然在上学，他却因为觉得学习没意义、生活没兴趣而不想去上学了。

这样的模式还有很多，所以我和我的咨询师们经常在做一个案例的时候会有时空交错的感觉，即当这个孩子说了一些他的状态和过往的时候，我们马上就看到了他这样发展下去，3年后、5年后，甚至10年后的样子。同时，我给一些成年人做心理咨询和催眠调节的时候，在我完全不知道他过去的情况下，也可以很准确地说出他小时候的成长环境、交友模式及一些特殊事件。不是我能掐会算，而是做的案例太多了，自然就总结出了很多导火索和发展规律。

而这也正是我写案例分析文章的目的，每个案例我都是精心挑选过的最具有代表性和普遍性的。把我从上万个心理咨询和催眠调节的案例中总结出来的发展模式写出来后，我希望每个看书的人可以依次进行模式识别，有则改之，无则加勉。

这样的模式识别做了，真的有用吗？其实这个模式识别的工作，我是每做一个案例就会自我检查的，特别是自检我在夫妻互动、家庭互动，以及亲子互动中的语言和行为。所以，我总是在做讲座和催眠沙龙的时候说，十多年前从互联网行业裸辞转行到心理咨询行业，是我这个没有什么远见的人做过的最有远见的一件事了。这个远见不在于我现在赚了多少钱，也不在于整个国家和人们对于心理健康的重视程度的飞速提升，使得这个行业被大家所认识，而在于我每天都在"吃别人的堑，长自己的智"，让我自己不断有自我改进的动力和自我成长的方向。

每做一个孩子抑郁的案例，我都会反复检查我自己的行为和做法。如果一项工作在做了之后，不仅能给世界多增添几张笑脸，而且能让自己和家里人都吸取别人的教训从而走得更夯实有力，我认为这就是一份最有意义的工作和最有价值感的事业！

所以，我希望大家都能一起来看一些案例，了解一些心理学，掌握一些抑郁孩子的情绪发展脉络和模式。这样我们一起携起手来帮助我们自己或周围的人，这个世界就可以增加许多张笑脸，而这个世界也会因此变得更加美丽、灿烂！

第一章

情绪低落，我是不是抑郁了？

看画读心 | 14岁的留学生怎么就能抑郁了？

14岁的小辉在我的微信公众号"婷婷的心理会客厅"里找到了我的心理管家的微信号，他对我的心理管家说，一定要在他出国留学前帮忙预约婷婷老师做一下心理咨询。

小辉在见到我后，解释了一定要在出国前和我聊一聊的原因。他说："婷婷老师，我在上初中之前，是一个爱玩爱闹的小孩。上了初中后，虽然学习成绩依旧保持得还不错，但其实我什么都不想干，总觉得干什么都没意思、没意义。

"我父母也看出了我的不开心，他们也和我聊过，想试着让我开心起来，但是也没什么用。因为我连自己为什么不开心都不知道，要说我父母也没有给过我太大的压力，我在学校里也有一些朋友，学习成绩也说得过去。我觉得自己越来越怀念小时候，觉得现在和以后只会活得越来越不开心。

"我父母觉得可能我的不开心是因为国内学校的学习压力有些大，所以他们就给我办了出国手续，让我去国外念书。他们觉得那样可能我会觉得更自由，可以更好地拓展自己感兴趣的方面。但是我知道，我不是因为学习压力不开心的——虽然我喜欢的很多东西，比如航模、赛车，虽然在学校并不太重视这些，但我也不讨厌学习。

"我觉得如果我以这个状态继续下去，到了国外也是一样会不开心。而且我知道出国要花很多钱，如果出了国我依旧这样，我会更内疚、更不开心。所以，我一定要在走之前让您帮我看一看。"

我让小辉画了一幅"房树人"的图画，来给他做分析。

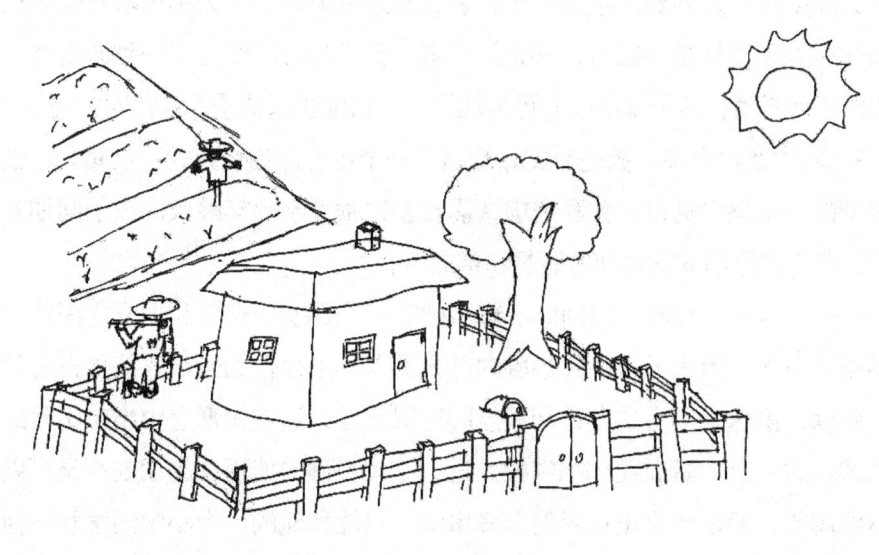

图2 小辉画的"房树人"

从图2中我们可以看出：

1. 画中人物形象背对画面，肩上扛着一把锄头。这说明孩子的潜意识中既觉得肩上责任重大，而这份责任如果处理不当，又可以成为伤害自己、伤害他人的力量。

——其实，这也是小辉在描述中所说的"出国要花很多钱，如果出了国我依旧这样，我会更内疚和不开心的"。对于别人，可能花了父母的钱就花了，而对于小辉来讲，他内心当中的反应模式是"家长给我花了钱，我就要给家长做出他们希望的样子，否则我就是辜负了他们"。当一个孩子一直在为别人活、为别人的希望而努力，却找不到自己的内心驱动力，那么他的动力一定会越来越微弱。这也无怪乎小辉为什么越大越不开心了。

2. 整个画面物体偏左，而且有多个封闭的矩形形状。这说明孩子的潜意识中更多地在留恋过去，不满意现在，也太不寄希望于未来。

——从这一点就能看出，虽然小辉目前的学习成绩都还过得去，但如果不抓紧调整，因为他不寄希望于未来，那么他早晚会由现在的不开心发展出厌学情绪。对于小辉的厌学来说，他并不是因为讨厌学习或害怕考试而不想上学，而是因为他找不到学习的意义而不想上学。所以，针对有这种心理的孩子，如果真的发展到厌学那一步，家长会束手无策，因为不论家长是给孩子增加压力，还是减少压力，都无济于事。孩子那时已经处于一种游离态，家长的任何举动，孩子都已经不再关注了，如何能引起孩子的变化呢？

3. 画中留白太多，满是封闭，却留了一个古老的通信方式：信箱。这说明孩子的潜意识中觉得孤独和空虚，需要多鼓励处于此年龄段的孩子同朋友交往，避免自己陷入青春期的遐想和空虚中。

——根据我的经验，我判断小辉虽然有一些朋友，但他和朋友之间能聊的话题并不多，因为很多小辉想聊的都太深入，不是他的同龄人能接得上话的。所以，虽然身边有朋友，却只能聊得很泛泛，这在无形之中增加了他的孤独感。这一点，后面我和小辉核实过，小辉说确实他现在的朋友都是可以打球瞎闹的，但是他真正思考的很多事情，只能和他的一个小学同学聊。他读的很多书都是有关人类学和哲学的，也只能和那个小学同学聊。但是那个小学同学因为上了不一样的初中，联络起来也不是很频繁。所以，他时常觉得自己很孤单、很消沉。

其实，有一些孩子和小辉一样，爱读超过自己年龄段的书、性格偏内敛、同年龄伙伴不太多……这些被很多父母引以为豪的特征，会成为孩子在青春期翻船的漩涡！

在孩子的思维体系还没有搭建成熟的时候，是会片面理解这些书中的内容的。而对于青春期这样一个纠结与突破的阶段，当孩子不能全面理解的时候，他就会倾向于消极理解。所以，请买书时注重书籍的分级阅读。如果真的对很多哲理、逻辑推理、人性等方面感兴趣，那一定要找到自己信任的成年人，去聊自己看到的文字和思考的方式，避免自己陷入二元论中无法自拔。

同时，要允许自己活得像个孩子，尝试着去交各种类型的朋友，避免自己越活越沉重而陷入青春期抑郁。

对于小辉，因为他这次聊完以后就出国了，所以后来我们的所有心理咨询和催眠调节都是在线上进行的。在用催眠技术帮小辉顺利完成适应国外学习生活的过渡后，我并没有急于去给他讲人生大道理，让他找到学习的意义，而是在催眠过程中增加不同的环节，让他看到自己内心中对自己的期待。这样，他慢慢地从"我要努力，因为我得对得起父母花的钱"转变为"我要努力，去成为我自己理想的样子"。当找到内在驱动力，他就不再成天把"到底什么是努力的意义"挂在嘴上了，因为他的生活已经变得充实而有意义了！

● 婷婷的心理会客厅　内在驱动力

内驱力是在需要的基础上产生的一种内部唤醒状态或紧张状态，表现为推动有机体活动以达到满足需要的内部动力。

内驱力与需要基本上是同义词，经常可以替换使用。但严格来说，需要是主体的感受，而内驱力是作用于行为的一种动力。两者虽不同却又密切相连，因为需要是产生内驱力的基础，而内驱力是需要寻求满足的条件。

人基本上有三种驱动力：

第一种驱动力，来自基本生存需要的生物型驱动；

第二种驱动力，来自外在的动力，即奖罚并存的"萝卜加大棒"模式；

第三种驱动力，来自内在的动力，内心把一件事情做好的欲望。

我们平时说的内在驱动力，说的就是第三种。这种驱动力才是真正能激励和调动积极性的方法。这种驱动力是与生俱来的能力。具备第三种驱动力的人，就能主导自己的人生。

"看画读心"总结

- 画面里的人物背向纸面：不自信，觉得自己做得不够好，无法面对自己。
- 画面的布局偏左：留恋于过去，活在回忆中，无法展望未来，对以后没有期待。
- 画中留白太多：内心空虚，经常喜欢思考一些宽泛的命题，而无法把这些思考联系到实际，并付诸行动。

画一画

请以《我的一天》为题，画一幅画。

情绪低落总爱哭，我是抑郁了吗？

有一天，大四女生飞飞来到了我的咨询室。

她说："婷婷老师，我今年就要大四毕业了，本来是打算出国留学的，所有的考试和准备材料都弄好了。我的导师也觉得凭我的成绩和能力，申请下来是没问题的。我也和之前出国的师哥师姐联系过，他们也很看好我。

"结果，当我觉得出国留学是唾手可得的事情时，碰上了新冠疫情。且不说申请学校变得极为困难，就算能申请下来，我父母也不想放我出去冒险。突然间，为之奋斗了四年的目标，就这样变得遥不可及了。从春节开始，我感觉整个人像被抽空了一样，不知道接下来该做什么，只是觉得整个人很空虚，实在是难以接受。

"可能是最近情绪不好的缘故，我变得极度缺乏耐心，注意力也时常不集中。开学后要完成很多学习任务，虽然难度不大，但我总是懒得做，一般都是拖到最后一分钟才把东西交上去。

"好在我前三年都很努力学习，虽然交上去的作业都是拖到最后时刻才交的，但老师觉得写得还不错，我自己也觉得质量还挺高的。但是一想起未来的发展，我就很沮丧。时间一长，我就觉得自己越来越没有目标和动力了。

"今年出国肯定没戏了，跟男朋友的关系也变得岌岌可危。接下来，我可以在国内找工作，但我又担心薪水不高，工作的内容和我所学的不匹配。所以，开学后的好几个月，我的情绪一直在漩涡中往下沉。您说我该不会是抑郁了吧？"

● 如何确定自己是否有抑郁症？

很多人的做法是在网上找一些心理测评问卷，以此来确定自己是否有抑郁症，但是这种方法非常不可靠。

试想一下，如果我们对着网上查到的癌症的症状，逐个判断过后就可以确定自己是否患有癌症吗？当然不行。我们都知道，要想确诊就一定要去医院——身体疾病如此，心理困扰也如此。想确定自己的身体健康状况，就要看医生；想确定自己的心理健康状况，就要看心理咨询师。

你可能会问了："如果我不能确定自己是否有抑郁症，那我能做什么呢？"答案是：觉察！觉察你自己的状态，观察是不是已经处于抑郁的边缘，觉察你是能自救，还是需要他人来协助。

那怎么觉察呢？就像飞飞一样：如果你有持续2～4周的时间对什么事情都提不起兴趣，心情低沉沮丧，甚至失眠或吃不下饭，你需要尽快去预约心理专家来做一次心理咨询。

但很多人觉得，我不好意思去约心理医生或心理咨询师。好像我约了心理医生或心理咨询师，就意味着我心理有病似的。拜托！这都是什么年代的落后想法了！以前我们的父辈也是一样不喜欢去医院，因为他们觉得"别去医院还好，一去医院就有病"，但我们现在不也是学会了对身体友好、对健康负责，每年至少做一次健康体检了！

所以，约心理咨询师聊一聊，给心理做一个自测和检查，才是对自己负责任的做法。再强调一遍：去预约心理医生或心理咨询师，不代表着你有病，而代表着你对自己负责。心理咨询师，就像你的私人家庭医生一样，能定期跟踪你的状态，让你面对更真实的自己，找到下一步成长的方向。就像我前两本书的很多读者会每个月都来参加我的心灵疗愈催眠沙龙，他们用这个沙龙中的"看画读心"、OH卡、催眠等环节来更好地了解自己状态的起伏变化，做到对自己负责、对周围人负责。

那么，像刚才飞飞所描述的情况，算不算是抑郁症呢？

要想分清飞飞到底是一般的情绪低落还是抑郁症，咱们先得搞清楚两个关键的心理学概念，一个是"抑郁情绪"，另一个是"抑郁症"。

抑郁情绪，说白了就是心情不好；而抑郁症又称抑郁障碍，它是以显著而持久的心情低落为主要临床特征的，属于心境障碍的一个主要类型。那么，总结起来：抑郁情绪叫抑郁情绪，抑郁症是持久而显著的抑郁情绪。

● **如何区分是抑郁症还是普通的抑郁情绪呢？**

我们可以从三个方面来区分：第一方面是对现实的无力感，第二方面是对未来的无望感，第三方面是极低的自我效能感。

对现实的无力感

严重的拖延症，比如说我不想穿衣吃饭，不想打扫屋子，不想上学或上班——一定注意是严重拖延症，而不是普通拖延症。

那么，严重的拖延症和普通的拖延症有什么区别呢？

普通的拖延症，虽然也是拖延，但起码闹钟响了5次，第5次我能起床；该交作业了，我可能提前两周不做，但是只剩下两天的时间了，我就会去做。严重的拖延症是，在截止日期之前不动手，在截止日期之后可能才会磨磨蹭蹭地做一些事情。

那放到飞飞的案例当中看，我和飞飞确认过了，虽然她由于心情不好，作业交得不及时，开题报告也是等到最后一分钟才匆匆交上去的，但那只是一般的拖延症，还没有达到严重的级别。

下面是我做过的一个有抑郁症并且表现出严重拖延症的留学生的案例。这位留学生曾对我说："婷婷老师，因为疫情我回国了，但是需要继续在网上上课和交作业。离作业截止时间已经过了7天，我才动手把作业交了。并不是我不知道截止日期，而是我都不知道为什么我就是不想写。当时老师规定的截止时间是北京时间22：00，我在那天的21：00打开了电脑，但是我并没有动手去写，而是死死地盯着电脑上的时钟，一秒一秒地过去。等到电脑时钟变成了22：00之后，我长舒了一口气，然后把电脑合上了……"这个留学生的情况跟飞飞的情况是完全不一样的。通常情况下，对现实的持续的无力感，会导致严重的拖延症。

●婷婷的心理会客厅　抑郁症的无力感

无力感到底是一种怎样的体验？1967年，美国心理学家马丁·塞利格曼做了一个关于狗的实验。

他把狗关在一个笼子里，并且在笼子里装了一个蜂鸣器。只要蜂鸣器发出响声，他就对狗实施电击。狗无法逃出笼子，只能遭受电击的酷刑。每次，狗都会被电得嗷嗷直叫。

被多次电击之后，塞利格曼再次响起蜂鸣器，与往常不同的是，这次他并没有对狗实施电击，而是把狗笼子的门打开了。出乎意料的是，狗并没有喜出望外地逃出去，而是就地呻吟，露出一副"即将被行刑"的惊恐模样。

狗本来有逃生的可能，但由于过往惨痛的经历，便主动放弃了希望。塞利格曼把这种"心灰意冷地待在原地，坐以待毙地等待痛苦的来临"的行为称为"习得性无助"。

当一个人不管做什么都于事无补、以失败而告终时，他会觉得全世界好像都在跟自己作对，否则为什么他会一次又一次得不到自己想要的结果，哪怕他想要的结果是那么微不足道。

每一次累积的失败，都会打击一个人的勇气和自信心，时间长了，当这个人发现一切都无法改变时，他的斗志就会随之消失，精神也会随之瓦解，他会放弃所有的努力和行动，最终陷入绝望的无助中。这就是抑郁症患者所体验到的无力感。

▎对未来的无望感

对未来的无望感就是我什么也不想想，也没什么盼头。

可能大家会说，我平常也会有困惑，也会有无力感，我也觉得对未来没有什么可期望的。其实，很多人觉得未来没有可期望的，前提是我还有一个期望，但是我觉得达不到；而对于抑郁症当中的这种严重的未来无望感，是说我根本不想，在心理学上叫作思维迟缓，是一种病态的表现。

●婷婷的心理会客厅　思维迟缓

思维迟缓以思维活动量的显著减缓、联想困难、思考问题吃力、反应迟钝为特征。患者表现为语量减少，讲话速度缓慢，应答迟钝，常有"脑子变笨的感觉"。当检查者询问患者问题时，需要等上好一会儿才能得到答案，而且常常是内容简单，声音很轻，伴有动作、行为的减少和抑制，情绪低落，兴趣缺乏等抑郁症状群。

思维迟缓与思维奔逸相反，表现为以抑制性思维占主导的思维形式障碍。患者联想困难、对问题反应迟钝，有时概念停留很长时间，不能顺利地表达出来，言语缓慢、回答问题吞吞吐吐、拖延很久，有时再三提问，才能得到回应，见于抑郁症或抑郁状态。

在飞飞的这个案例中，虽然觉得出国无望，但她不是对未来完全没有期待、没有想法。飞飞确实在担心疫情期间不好找工作，即使找到了工作，薪水也可能和自己希望的相去甚远。但这从另一个角度说明飞飞起码还想着找工作、赚钱和未来发展的事情，有期望和目标只是达不到。

而对于真正的抑郁症患者，他们会跟我说，"婷婷老师，我现在每天晚上上床之前都觉得这一天过得很没意思、很无聊。我上小学那会儿，睡觉之前要玩上半天，打游戏、拼乐高、玩高达、看书……总觉得时间总不够用。但是现在，虽然我还是有自由安排的时间，但是我什么都不想玩了，也不打游戏，也不玩别的，就觉得那些都没意思。其实，我觉得每天活着都没什么意思，明天起床又过着一模一样的日子。"

你能想象说这些话的只是一个上初中的孩子吗？初中的时候，不打游戏，对什么都没兴趣，这很不正常。而且，他也不是赌气才这样说的，他真的是一点念想都没有，思维迟缓，不想去想，也懒得去想。用他自己的话说就是："感觉脑子像生了锈一样。"这个孩子被医院确诊得了抑郁症。在找到我做调节前，他已经吃了一年的药，并且已经休学半年了。

极低的自我效能感

我们需要懂得区分严重的自卑和普通的自卑。普通的自卑是指当别人夸我夸到点上、夸到细节的时候，我能承认这个事实；严重的自卑、抑郁症的自卑，是说你夸我的任何事实，我都不承认。

我们再来看飞飞的案例，飞飞的原话描述是"虽然交上去的作业都是拖到最后才做完的，但老师觉得写得还不错，我自己也觉得质量还挺高的"，所以飞飞是认可这些细节的。

而真正严重的抑郁症患者，他们的自我效能感低，在各个方面都觉得"我不行""我不好""我干不了"。最严重的情况是，他们会因为觉得自己没有价值，而发生自残甚至自杀的行为，放弃对生命的敬畏和渴望。

通过上面三个方面，即对现状的无力感、对未来的无望感、极低的自我效能感的分析，我们可以得出飞飞其实只是一时情绪低落，还达不到抑郁症的程度。

● 普通的抑郁情绪应该如何调整呢？

我给了飞飞两个建议，分别从认知和行动两个方面进行调整。

认知上调整

做好自己的期望管理。我们每个人都有宏大的目标，把大目标分割成可达到的小目标，一步一步地完成。当思路打开之后，我们就会发现有时候其实是可以曲线救国的。

比如，在飞飞的情绪状态逐步平复了之后，又和我预约做了一次学业规划咨询。我帮她梳理出了针对她的三个小目标：

→ 第一个小目标：飞飞仍然打算继续求学。但因为当时考研时间已经过去了，所以无法在国内考研，而且当时出国的希望又很渺茫，而她又不想在国内荒废一年，所以第一个小目标定位在了在国内找工作上。

→ 第二个小目标：既然"在国内找工作"这个小目标是为了"出国留学"这个大目标服务的，那么找一个什么样的工作的首要思考标准就不再是薪水如何、离家远近；而是这个工作是否有出国学习的机会、是否能够外派或在国外常驻、是否能与我之后想去国外学习的内容相得益彰。所以，她的第二个小目标是在能拿到录用通知的工作中，挑选那些有涉外业务的岗位。

→ 第三个小目标：如果疫情在一段时间内无法缓解，也就是说万一第二年出国申请仍然困难的话那么自己的学历提升就先要在国内的学习体系内想办法。所以，第三个小目标是在入职工作后，或参加全日制学习的考研，或读在职研究生，或读MBA/EMBA。

在这三个小目标被逐一规划下来后，飞飞的心里更笃定了一些。她说："婷婷老师，我发现了我之前之所以心情那么差，除了不能出国的这件事情发生得太突然，打乱了我这几年来为之奋斗的计划，更主要的原因是我突然没有清晰且可执行的目标了，所以我觉得自己接下来那一年完全是虚度的。但是把这三个小目标梳理清晰了之后，虽然我仍不能出国，但是我知道自己接下来一年要做的每一件事情，都是向着我的'出国留学'的大目标迈进的。现在的我，一点都不闹心了。谢谢婷婷老师！"

一些人在一个突发事件发生后会有持续性的情绪低落和沮丧，其实不完全是因为事发突然或者太不幸，有很大一部分原因也是这件事情发生之后会导致特别大的生活上的变动，而自己对于这种变动是完全僵持住的，不想去面对，更不想去应对，只是固着于思考"为什么会发生这样的事情呢"！

当一个人经历了突发事件后，固着于思考"为什么会发生这样的事情"，而他身边的同学朋友亲戚却只是不停地说"这种事发生也是没办法的"之类的话，看似在好心安慰当事人，却是在好心办坏事。因为谈话和思考的关注点仍然执着于过去。如果身边人能够有技巧地帮助当事人往前看、往下做计划，反而能把思路放到将来。等对将来的计划做完了，当事人的心理状态也就恢复了——这大概就是"希望"的力量吧！

当然，这种思路能够起效的前提一定仅限于当事人只是沉浸在抑郁情绪中，而不是在抑郁症的状态中，这样才能用理智调动情绪。如果因为连续两周的失眠、情绪低沉已经发展为抑郁症了，那就一定要先找专业的心理咨询师调节情绪状态，再做下一步的打算。当一个人处于抑郁状态中时，你和他说逻辑和理智的方案是不管用的，反而会让他觉得更累，从而加重抑郁症中的无力感，恶化症状。

行动上调整

多做运动体育锻炼。运动的时候体内会分泌内啡肽、多巴胺，而这些会让人心情愉悦。

在和飞飞说到这一点的时候，飞飞面露难色地说："婷婷老师，我知道你每天雷打不动地5:30起床健身，而且你除了跑步举铁，还打拳击。但是，我真的做不到。跑步对我来说太枯燥了，举铁我压根就没碰过，拳击……我还是算了吧！"

其实，飞飞的这个反应很具有共性，因为受兴趣、场地、时间等的影响，每个人可以做的运动项目各不相同、强度也无法横向比较。于是，我便这样给飞飞做了分析和计划。

1. 如果是以发泄情绪、调整不良情绪为目的的运动，那么一定要挑选具有对抗性的、有冲击力的运动，比如拳击、搏击、跆拳道、美式橄榄球这些在有保护装备下的肢体冲撞类的运动。因为当一个人情绪不好的时候，如果不能酣畅淋漓地发泄出去，那么就一定会向内攻击——也就是否定自己、责备自己、压抑自己。而越是受过高等教育的人，越觉得不能冲别人无端发火,这样很容易会把不良情绪憋在心里。

如果在这种情绪状态下,只是做一般的体育运动,确实会起到调节多巴胺等激素的分泌,但是这个量仍然不足以平复较大的情绪波动。但是如果做有冲撞性的运动时,因为运动类别的规则就是要进行猛烈的冲撞,所以平时不好意思做野蛮行为的人,在规则要求下就能够"肆意妄为"了。在一次次猛烈的冲击中,情绪也就得以痛快地释放,从而起到发泄情绪的目的(现在大家似乎能理解为什么我以40多岁的"高龄"仍然在练拳击了吧。心理咨询师需要更多种情绪管理和发泄方式,这样才能更好地帮助来访者进行调节,才能调节出最棒的效果)。

2. 如果是以平常的情绪维护为目的进行的运动,那么只要根据自己的喜好进行就行,这种情况下就不存在跑步一定比跳舞要好多少或者举铁一定就比瑜伽好多少。既然是为了让自己保持一个好心情,自然是怎么开心怎么来。如果有条件的话,可以练练动感单车、跳操、瑜伽、游泳,如果没有条件,腹式呼吸、简单的拉伸也都是可以的。最关键的是,动起来,并且是开心地动起来。

飞飞照着这两个方面做了自我调整。两个月之后,她跟我说:"婷婷老师,我现在已经感觉好多了!"是的,她又变成之前那个开心乐观、积极向上的女孩子了。

所以,分清到底是抑郁情绪还是抑郁症很关键。如果只是短暂的抑郁情绪,就让我们时光不语,静待花开。

当你的情绪问题已经持续了一段时间后,就需要用更积极主动的方式尽快进行自我调节。如果你自己不知道怎么梳理,可以在科学的指导下更有效地管理好自己的情绪。你可以跟着每一章最后的"情绪管理"来练习,很多人在这里找到了情绪管理的那把钥匙,走出了短暂的情绪低落,控制住了自己的脾气,对自己的生活也更加满意了。

为什么那么多人给我力量，我依然不快乐？

梓轩见到我的第一句话就是："婷婷老师，我现在每天都过得很不开心，但我和别人的不开心是不一样的。"

梓轩说话速度很慢，一字一顿地，似乎在琢磨着该怎么来描述她的情况。停了一会儿，她接着说："我周围也有一些同学总是不开心，但他们的不开心是因为他们周围的人对他们不够好、总是责备他们。但是我周围的人都是理解我、鼓励我的，都给了我很多的爱。要说我本应该很幸福很快乐才对，但是我依然不快乐。您说我是不是心里有病呀？"

说到这里，梓轩便停住不再往下说了。她不往下说不是有所隐瞒，而是她真的觉得自己该说的都已经说完了。

像梓轩这样的来访者，在我做过的心理咨询中只占10%左右。她既不像有些来访者，来了就把所有情况一股脑儿地说出来，急切地想要听到解决方案；又不像有些来访者，来了只是叹气、几乎不表达，觉得似乎如何做她都不会好起来了。

像梓轩这类的来访者，是想说一些东西，但又不知道该说什么、如何说。这也是为什么她说话速度很慢，并且在说出了一些信息之后就没有其他要补充的信息了。

我对她说："我先来给你做个催眠吧！你想说的、我们需要聊的，等做完催眠再说。"她同意了，于是催眠开始了。在催眠过程中，我特意给她做了比较长时间的"楼梯意向"环节。

为什么呢？因为"楼梯意向"这个催眠环节，其实是让人在催眠状态下，看到内心中的自己。这个内心中的自己，表征着自己对于自己的认知、评价和认可度，同时也表征着对自己价值的定位、期待和未来发展的规划。

像梓轩这种类型的来访者，我在不久前就调节过一个。说话风格、表达方式、思维模式，以及周围的境遇简直如出一辙，只不过那个来访者是一个30多岁的女性，已经为人妻为人母。不同的是，梓轩在现在的状态下，已经敏感地知道要来寻求帮助了；而那位女性在经历了梓轩目前的状态时，并没有意识到状态的异常，而且在经历了一连串事件之后，突然崩塌了，陷入了持久的抑郁状态中。从这个角度来讲，梓轩的反应是及时的，是有足够的自救意识的。

而在我特意设计的扩充版的"楼梯意向"催眠环节中，梓轩看到的和感受到的，也是和我提到的那位女性如出一辙，这更加证实了我之前的判断。梓轩到底看到了什么呢？

梓轩在"楼梯意向"中什么都没看到！准确地说，梓轩在"楼梯意向"催眠环节中，在本该看到内心中自己形象的时候却没有看到自己的形象。那是不是因为这是她的第一次催眠，所以她才没看到自己的形象呢？不是的。因为在引导语当中，在整个催眠内心场景的搭建中，她看到了楼梯、台阶、楼梯上的扶手，而且她连这些物体的质地都看得清清楚楚，唯独在这个场景中的她自己的形象，她没有看到。

● **"看不到自己"潜意识的呈现说明了什么?**

"看不到自己"潜意识说明她内心中就没有自己。她在现实生活中，应该从来就没有过属于自己的需求和想法，没想过"我要什么、我想怎样"，所以在楼梯意向的催眠环节中，才看得到催眠场景中的一切，除了她自己。这就类似于毕业前，你拿着一张全班同学的合影，但是在这张合影中你看得到全班同学，却唯独看不到你自己。为什么？因为拍合影那天你没去。

当一个人的心里没有自己，这个人会是什么样子的呢？有些人可能觉得，"心里没有自己"的人应该是一个很无私的人吧？不是的。无私的人心里是有自己的，是知道自己的价值的，而正因为他很清楚自己的价值，才会把很多利益让给更需要的人，因为他不需要获得这些利益来彰显自己的价值。

心里没有自己的人，就像一栋房子里面没有住户一样，是没有烟火气的。烟火气是什么？是开心和幸福的源泉！这也是为什么会有说法是"人间烟火气，最抚凡人心"。

当找到让梓轩不开心的根源后，我和梓轩核实："梓轩，从小到大，你是不是都是乖乖女，都在沿着别人给你设计好的道路往前走？"

梓轩说："是的，我算是比较听话懂事的孩子。并且我也确实习惯于听从别人的安排来做事——不过我没觉得这有什么不好。"

我问："你的意思是，你基本上不会和他们有意见冲突或者争执，是吗？"

梓轩说："很少。我觉得周围人都对我很好，他们的建议也都挺好的。偶尔有意见不一致的时候，我通常也会选择听他们的。"

听到梓轩这样说，我越发确定我的判断是正确的，我知道问题出现在了她一贯的"听话懂事"上。

● 为什么一贯听话懂事的孩子更容易抑郁？

作为一个妈妈，我知道孩子听话懂事固然是好事，但作为一个做过太多抑郁焦虑案例的心理咨询师，我更知道孩子一直听话懂事是一个大大的坏征兆。它意味着孩子的心理没有随着年龄的成长而变得成熟。

从心理上来讲，孩子的长大和成熟就是要通过突破边界来建立自我边界，这也是为什么孩子在青春期时一定要叛逆。孩子要通过看似没有道理地彰显自我意识来逐步找到自我，建立自我评价体系。但是，当孩子一直太过听话懂事的时候，他们会一直拿着别人的意愿当作自己的意愿，久而久之便迷失了自己。

一个没有恒定自我定义的人，一个心中没有自己的人，一定是一个匮乏的人。这不在于周围人有多支持他，给他多少爱，这是一种发自内心的匮乏感。就像一栋没有住户的房子，不论房子有多坚固，也不论房子里的暖气烧得多热乎，依然是没有烟火气的。同样，一个内心没有自己的人，她不是无私，而是不开心，这个不开心来自内心的匮乏感，就是那种"我说不出来什么，但总觉得差了点什么"的匮乏感。

在一个疗程的心理咨询和催眠调节中，我用催眠技术帮助梓轩逐渐寻找到自己内心的声音和想法。同时，我和她的父母在沟通调节方案时说："在接下来的一段时间内，梓轩可能会变得比较爱争辩，脾气可能有一些大，这是她成长的过程。因为之前她把自己给弄丢了，在她找回自己的过程中，可能会有一段时间事事都要彰显自我意志。但不要紧张，给她点时间度过这个阶段后，她又能学会如何平衡自我意识和他人意志了。等她这个动态平衡找到之后，她会成为一个更成熟、内心更充盈，并且更快乐的梓轩。"

我感到非常庆幸，因为梓轩能在没有太大的事件导致她全面崩溃之前，意识到自己不开心状态的不正常而找到我。

比如，我前面提到的那个18岁的女孩子，在她遇到特殊事件之前，她也是一直为着他人而活，一直没有找到自己。而在特殊事件发生之后，外在的压力一下子压垮了她内心的匮乏，她陷入了严重的抑郁中！她的情况其实非常典型并且很有借鉴意义，所以接下来我把她的案例也写了下来，好让更多的人能够来学习和自检。

18岁的佳佳高中毕业后，是去国外读大学的。当她找到我的时候，正是她得知期末考试挂了一门课的第三天。她因为考试失利而极度失落、沮丧，再加上她当时是在外国，当地发生了比较严重的疫情反复，本来已经订好了飞回国的机票，而航班又被突然取消……每一件事情看起来都是不大不小的事情，但是这些事情在一个很近的时间段内叠加发生，再加上佳佳曾经"一贯懂事"的成长经历，使得她的情绪全面崩溃，并且引发了失眠、胸闷、心慌等一系列焦虑抑郁症状的突然发作。

佳佳出生在一个小地方，小时候家庭并不富裕，所以爸爸经常会外出打工，妈妈在家带着她。佳佳觉得妈妈并没有严格要求自己，但妈妈经常会说:"要不是为了让你生活得好一些,你爸爸也不需要背井离乡外出务工,我也不用一个人带着你……"

佳佳说:"婷婷老师,每次我妈妈这样说,我都会觉得好像我做错了什么事,但是我又不知道我到底做错了什么。所以,小时候的我会努力学习、努力关心妈妈、爸爸回家后会努力照顾爸爸。

"慢慢地,这种努力变成了一种习惯,在外人眼中我成了一个自律的孩子。而且小时候的那种'我做错了事情,但又不知道做错了什么'的担忧,在我成长的过程中一直如影随形,所以我能做的就只有懂事、听话、不让父母担心。这么多年来,我一直是别人眼中的乖乖女。

"这些年,我的懂事和听话让我的学习和就业很顺利,几乎没怎么走弯路。但是,我能感觉到自己的内心变得越来越空了,有一种不知道自己为什么要努力却又因为惯性在努力的机械感。按理说,周围人对我都挺好的,而且我的生活在外人看来也变得越来越好了,没有理由有内心空落落的感觉……

"这个状态虽然不严重,但是一点点积累下来,我会感到有些害怕。面对这个状态,我知道不好,但是不知道能做什么,也不知道什么时候这个状态就撑不下去了。就像一栋大厦,地面上的部分看上去好好的,但是地面下的地基却开始一点点地松动了……

"直到最近接二连三地发生不顺心的事情,疫情、考试挂科、回国航班被取消……突然间,我就感觉自己再也撑不住了,也不想再撑下去了,有一种很崩溃的感觉。现在的我每天都觉得是曾经的自己做得不够好、不够努力学习,才造成现在的被动状态。每天都很懊悔,觉得错失了机会,让周围人担心和失望了,我不敢面对他们。我每天都在哭,但我并不想让自己这样,我该怎么办?"

看着佳佳又陷入了自我否定和情绪波动中,我对佳佳说:"咱们先来做个催眠,看看你内心中到底在懊悔着什么,又在气愤着什么。"

佳佳同意后,催眠开始了。催眠过程中,有一个环节,是让她在催眠状态下去想象自己的形象。

催眠做完后,她告诉我,她没有想出自己的形象。她的确看到了一团东西,知道那"一团东西"是自己,但是没有清晰的形象。

我问她:"你有多久没关心自己了?"她一下子陷入了沉思……

我接着向她解释道:"一个人在催眠过程中想象不出来自己的形象,换句话说,就是在潜意识中根本就没有自己的形象,这就意味着在清醒的时候,这个人是一个或者完全不关心自己,或者不在乎自己的感受,或者不自信,或者安全感不强的能量不足的人。"

结合她的实际情况,我知道,她是由对一连串事件的失望,引发了对自己本身的失望,从而导致极度厌恶自己,最终选择忽略自己、不愿意面对自己。

她对我说:"确实,我已经很久不照镜子了,我不想看到自己的样子……我也很久没有关心过我自己的感受了,我只是觉得愧对我的妈妈和爸爸……"

● 反复经历失败和挫折时为什么容易抑郁?

当一个人屡战屡败时,一定会产生失望的情绪。如果这种失望的情绪是指向自己的,那么"自我逃避"就会出现了。也就是会忽略自己,不关心自己的情绪和感受,也不再思考"我是谁""我要什么""我要做什么"……

当一个人连面对自己的机会都不给时,何谈"可以接纳不完美的自己"呢?当一个人连自己都不接纳的时候,何谈"平静地接受所有发生过的事情,并且收拾好心情,继续坚定地走下去"呢?拿是拿得起,放却放不下!

我相信,每个人的内心深处都有最本原的向上的力量,就像植物生来就有向光性一样。

对于植物,当它长势不好的时候,农夫不是要借助自己的力量把植物拉高,而是帮助植物找到一缕阳光。当沐浴在阳光下时,植物自然会分泌生长素,促进植物的茁壮成长。

我,作为催眠师,其实就是那个农夫。我不是要用我自己的能量来温暖每一个客户,而只是简单地创造机会,让每个客户接触到属于他的那"一缕阳光"。只要有"一缕阳光",他自己最本原的向上力量自然会使他的生命重新发光的。

每一次给佳佳做催眠的过程中,我没有给过任何积极向上的暗示,只是在催眠中创造机会,让她和自己相处。

催眠过程中,佳佳每一次和自己相处之后,在接下来的日子里都会对自己有更深一步的认识和接纳。

当时,因为她的情况比较紧急,所以我们在半个月的时间给她做了5次催眠。但是,这短短的五次催眠,已经让她从之前"我对不起爸爸妈妈对我全部的付出"转变到"努力做好我能做的,剩下的交给时间"。

当你消沉、不如意的时候,你真的不需要向外人索求能量。你只需要给自己机会,好好和自己相处,接纳不完美的自己。当你给自己机会,让自己接触那"一缕阳光"的时候,你内心深处的向上力量自然就会被激发出来,你会活得比谁都精彩。

学校"双减"后,为什么我放松不下来?

前一阵,我做了一个初中男孩好好的心理咨询。由于父母工作调动的原因,好好上初三那年转到了新的学校。

好好主动来预约做心理咨询,是因为苦恼于自己的学习效率不够高,成绩在新班级也没那么好了。根据家长的反馈,好好是真的自觉和用功,甚至连吃饭、走路、睡觉都是争分夺秒的,只为了能有多些时间学习。

但看似抓紧时间的学习,成绩却总是上不去,好好这样一个自我要求很高的孩子是无法接受这样的学习状态的。特别是在初三这样的关键时刻,好好因为自己的学习状态总是不太如意,以至于在周末和假期放假的时候,他也不允许自己睡个懒觉或者放松一下,所有的时间都安排自己看书和学习。

好好对我说:"婷婷老师,我也不知道为什么,我越想认真学,就越容易走神。等发现走神了,就赶紧把自己的思路拉回来继续学习。可是,内心总有一个声音在不断地责备自己,很妨碍我看书和思考。我希望您能帮助我去除学习中的杂念,提高学习效率!"

这是一个看似"用催眠提高学习效率"的案例,但在沟通的过程中,一件小事引起了我的警觉。

家长说:"婷婷老师,您快帮我家孩子看看吧。说实话,我们真的不明白孩子为什么对学习成绩这么紧张。我们从来没有要求过孩子的成绩,没给孩子什么压力。要说孩子的压力来自成绩排名吧，放在以前倒是有这个可能。但是现在'双减'了之后，考试大排名等都取消了，那孩子也就不用为考得好不好担心了。真不明白他为什么还对学习成绩这么紧张。"

我问："根据您二位的观察，孩子是只对学习成绩比较紧张，还是对同学关系、师生关系也会紧张？"我之所以问这句话，是想了解孩子只是单纯地想学习好、单纯地对学习成绩紧张，还是泛化性地对能引起别人对他评价的所有事物都紧张。

家长说："孩子应该对同学和师生关系都不紧张的。因为孩子的社交能力不错，在之前的学校，任何选举和投票从来都是全票通过。这学期刚到新班级，而且是之前人家同学都互相熟悉了两年的班级，前一段刚有一个什么投票，全班只选出一个，很神奇的是，这次他又是全票通过！连班主任都说他带过这么多年的班级，这个投票能全票通过的非常少见。而一个进班不久的插班生能获得全票通过的，更是就他这一个。别说，这一点他做得还真够棒的！"

我立刻明白了。在父母、老师和旁人的眼里，好好是一个在社交上游刃有余的孩子，因为大家看到的都是好好的"全票通过"。但是，静下心来想一想，连圣人都无法做到让所有人都喜欢，而一个孩子能做到让全班五十多个人都喜欢，那他得多压抑自己的个性和内心，才能让周围每一个人都顺心和舒服呀！而他为什么要压抑自己的个性和内心呢？

● 为什么让所有人都喜欢的孩子更容易压抑自我？

对于一个本该冲动叛逆和关注自我的青春期孩子，是什么能够支持他这样持续地压抑自我、满足他人呢？

只有一个原因：焦虑！只有对"别人对我的评价"的极度焦虑，才会形成好好这样一个典型的"周围人都满意了，我才能满意"的思维方式。难怪在学校"双减"后，好好依然如此紧张，甚至比之前更紧张了。他紧张的并不单单是学习成绩，而是别人对他的评价。所以，任何能够引起别人对他的评价的事物都会引起他的紧张，并且这种紧张是没有头的。比如，我以前紧张学习排名不如别人，现在没有学习排名了，我又会紧张我看的书不如别人多；假设再把课外阅读取消了，我又会紧张我上课发言的深度不如别人……

也就是说，让好好紧张的并不是学习，他紧张的是别人对他的评价。只要能引起别人评价的任何事物，都会引起好好的紧张。所以，如果头痛医头、脚痛医脚，就会按下葫芦起了瓢。

如果只是简单地用咨询调节来解决学习中的杂念的问题，并不能帮他提高学习效率。甚至会让"咨询师和家长花了很多力气帮我调节，我却没有好转，那他们会怎么评价我呢"这一惯性思维模式，加重了孩子的自我责备和分心走神。

所以，好好要解决的不单单是学习效率的问题，更是内心压抑、过度自我要求的问题。而好好一贯在班级选举中全票通过的过程，他内心的隐忍和苦楚，远大于外人以为的他该享受的风光和得意！

无独有偶，我还做过一位40多岁的严重抑郁的来访者，她也提到了中学时期，作为班干部，她在各项选举和投票中从来都是全班全票通过的。

她之所以会在心理调节中对我说到这件事，是因为在她现在看来，当时的她内心是极度压抑的。以至于后来，她一想到要去面对众人，就没来由地难过和沮丧，因为她很担心会让哪个人对自己失望或者不满意。随着时间的推移，她表面上越来越自律、努力和照顾周全，内心却越来越沮丧和难过，甚至还想过自杀。

所以，当这位40多岁的女性来访者找到我来做催眠调节的时候，她痛心地告诉我："婷婷老师，我活了40多年，也难受了40多年，因为我没有做过一天自己。这几年生了孩子，在养育孩子的过程中我突然意识到，其实我从小到大内心中对自己的不满和责备的声音都是来自我的父母。说实话，他们当年对我的要求并不是很多，但他们真是极端自律并且高要求，以至于他们的一个提醒、一声叹息，已经让我明白我做得不够好了。我太希望让他们满意了，但是总也达不到他们那种自律和高要求。久而久之，我就习惯于一边为别人努力，一边对自己失望和责备……"

那一刹，我仿佛看到了初三的好好在20年后的样子……而他的父母，依旧没有觉察到自己对孩子的"悉心提醒"，已经被孩子内化成了"内心的压抑和自我要求"。

的确，有时候，当家长觉得"我在帮他建立规矩、帮他思考如何做事更有效"，但孩子已经形成了"我总是做不好，没有达到爸爸妈妈的要求"的思维定式，因此他才会努力去讨好周围的每一个人、试图满足每一个人的期望，甚至不惜以牺牲自己的意愿和喜好为代价。

● 婷婷的心理会客厅　思维定式

心理定势指心理上的"定向趋势"，它是由一定的心理活动所形成的准备状态，对以后的感知、记忆、思维、情感等心理活动和行为活动起正向的或反向的推动作用。

思维定式也称"惯性思维"，是由先前的活动而造成的一种对活动的特殊的心理准备状态或活动的倾向性。在环境不变的条件下，定式能让人应用已掌握的方法迅速解决问题。而在情境发生变化时，它则会妨碍人采用新的方法。消极的思维定式是束缚创造性思维的枷锁。

有这样一个著名的试验：把六只蜜蜂和六只苍蝇装进一个玻璃瓶中，然后将瓶子平放，让瓶底朝着窗户，结果会发生什么情况呢？

蜜蜂不停地想在瓶底上找到出口，直到它们力竭倒毙或饿死；而苍蝇则会在不到两分钟时间找到正确的出口逃脱。

由于蜜蜂基于出口就在光亮处的思维方式，想当然地设定了出口的方位，并且不停地重复着这种合乎逻辑的行动。可以说，正是由于这种思维定式，它们才没有能走出囚室。而苍蝇对所谓的逻辑毫不留意，全然没有对亮光的定式，它们四下乱飞，最终走出了囚室，头脑简单者在智者消亡的地方顺利得救，这就是思维定式的强大之处，它能强大到让你无视你眼前的现实而执着于自己固有的思路。

● 为什么我活不出自己理想的样子？

我们都知道，你再好也无法让周围的人都满意。但做家长的偏偏就是爱把对孩子是否满意来作为他们是否认可孩子的不二标准。如果孩子被训练成"父母的满意是我成长的动力"的时候，他是活不出自己理想的样子的——不是因为他没有了理想，而是因为他没有了自己！

如何找到自己、学会做自己呢？觉察 + 自我表扬。当你发现自己被别人交口称赞，称赞你的"超乎寻常的大方懂事、异常敏感地顾及周全别人"的时候，就要自我检查一下：我是不是太在意别人的评价了，是不是有些过于完美主义了。如果答案是肯定的，那就要每天在睡觉前做个自我表扬，表扬自己今天做得好的一点，比如"我今天数学比昨天多学了10分钟""今天我少刷了5分钟的抖音"等。用自己对自己的肯定，来代替内心寻求的来自外界的肯定。这样才能逐渐建立起你对自己的"自我评价"和"公正的认可"。

为什么这个这么重要？因为一个人对自己的公正的认可，才是他能接受周围人对自己的不认可的勇气；一个人对自己的无条件喜爱，才是他能勇敢做自己的底气！

孩子到底是青春期的叛逆孤僻，还是焦虑抑郁？

我曾经碰到过这样一个抑郁症导致自杀的案例……其实，它不算是我的案例。因为我还没来得及给她做心理干预，她就自杀了。

她的自杀，给她的同学、朋友、老师带来了无尽的遗憾，而对她妈妈来讲，除了感到极度悲伤之外，更是无尽的懊悔。因为妈妈在女孩要自杀前曾联系过我，但因为当时妈妈觉得孩子可能只是青春期情绪不稳定，所以才没有立即预约我的咨询。

妈妈最开始和我的心理管家说，女孩已经在家出现过很多次自伤行为了，并且她和妈妈说了她很痛苦，可能得了抑郁症，想要预约我的心理咨询来帮她调整情绪和状态。并且，妈妈说，女孩"迫切地渴望得到婷婷老师的帮助"，于是她便来问问预约的流程是什么样的。

但是，妈妈之所以只询问了流程而没有及时预约，是因为妈妈当时按照自己的判断，觉得孩子有些虚张声势、故弄玄虚。周围人也拿不准孩子是不是只是青春期的情绪波动。不过，确实在孩子小的时候，老人对她的宠爱比较多，所以如果说孩子是过于矫情和娇气，似乎也是成立的。

无论我的心理管家如何提醒她要重视孩子发出的求救信号，要带孩子来咨询，对孩子的情况做一个专业的判断，而不要自行轻率地下结论。妈妈却坚持认为："我家孩子我知道，她没有抑郁。再说了，一个说要自杀的人，才不会真的自杀呢！"

仅仅耽误了两天时间，这个女孩就自杀了！女孩的妈妈之后见到我，说得最多的一句话就是："我真的没想到我的孩子会抑郁！如果当初，我能抓紧时间约到你……"

在女孩自杀后的四年时间里，她的妈妈也患上了严重的抑郁症。因为这位妈妈曾亲眼看到过女儿的抑郁症的发展过程和最终结果，所以，在她意识到自己也得了抑郁症之后，第一时间联系到我，接受我的调节。

在我看来，女孩的妈妈的抑郁症，确实是因为痛失女儿所引起的。但是后来，她却慢慢地适应了，甚至开始"享受"起这种感觉来。因为只有在抑郁的时候，她才能够很好地体会到当年女儿为什么会扔下她，走出最后那一步。也只有在她抑郁的时候，她才觉得她是和女儿在一起的。

● 大多数抑郁症患者出于什么原因选择自杀？

在我和她沟通的过程中，她告诉我："婷婷老师，我曾经觉得自己是一个称职的妈妈，但是女儿的自杀让我自责不已。我是一个多么不称职的妈妈呀，以至于在女儿自杀的那一夜，我居然没有觉察到任何异常，还在那里踏踏实实地睡觉！

"婷婷老师，曾经我觉得我们所有人都给了女儿最全面的爱。但是，女儿的自杀，让我不断地反省，我到底是亏欠了她多少爱和关心，才让她对整个世界失望！

"而我在得了抑郁症的这四年时间里，我也有过无数次想要自杀的念头。这时，我才体会到选择'自杀'不是因为对这个世界不满意，而是因为对自己不满意；不是因为别人对自己不够好，而是因为觉得自己死了，别人才能过得更好！"

是的，我曾经做过无数次抑郁症导致的自伤和自杀的危机干预，最深刻的体会就是，每一个企图自杀的人都是非常善良的人。他们之所以选择自杀，不是铁石心肠到连死都不怕了，而是因为他们的内心已经超级柔软了，柔软到不想再给别人增加一点点额外的负担了。

● 亲人朋友为什么容易错失自杀前的求救信号？

通常情况下，这些选择自杀的人，在实施行动前向朋友和亲人，发出求救信号的。但是，大多数的朋友和亲人为什么给予不了最积极和最合适的反馈呢？其实总结起来，是这两个因素在起作用。

→ 因为当事人提出的"自杀话题"太过负面，亲人和朋友不知道该如何把话题接下去。觉得自己如果把话题说深了，反而会起到怂恿的作用，使得当事人把"自杀想法"转变为"自杀行为"；而如果把话题说浅了，又只是隔靴搔痒，不起作用。与其怎么说都不对，还不如选择沉默。而对于当事人来说，因为别人选择了沉默或者转移话题，所以对他来说，他就被孤立了。他会觉得自己是别人的负担，只有自己"消失"了，别人才会活得更好、更舒适。

→ 如果当事人不是成年人，而是小孩子，通常他的家长、老师和周围人会觉得他还只是个孩子，"自杀"和"自伤"都是一些气话或生气的行为，不会出什么大问题。家长没有时间也没有意愿进行深入的沟通。殊不知，小孩子能够得到帮助的渠道是有限的。如果父母不能给予及时的帮助，那就相当于全世界的门都在他面前关上了。他会觉得，除了用自杀来减少父母和别人的焦虑和痛苦，别无他法。

有很多自杀成功者的家属告诉我，我们非常爱他，非常关心他，但是最后他还是选择了自杀，是不是我们给的爱和关心还不够？

不是的！选择自杀，不是因为爱和关心不够多，而是因为在那个特殊的状态下，只有爱和关心是远远不够唤回他和挽救他的。

研究显示，20个试图自杀的人中，有19个会失败。但是，这些自杀失败的人，如果不进行专业和有效的心理干预和建设，有37倍的可能性会在第二次自杀时成功。

● 心理干预和建设该怎么做？

→ 及早预约心理咨询。既然这种"心理救助活动"在专业上被叫作"危机干预"，恕我直言，这是一个专业性很强的沟通。所以，不要企图我作为一个朋友、作为一个妈妈，可以通过看一篇文章就能学会，让专业的人来做专业的事反而能起到事半功倍的效果。

→ 在进行专业的心理咨询的基础上，家人可以进行辅助性的帮助。家人该如何和抑郁症患者沟通，已经详细写在我的另一篇文章《与抑郁朋友聊天，最关键的2句话要这样说……》，在此不再赘述。

如果你看到任何人，由于抑郁症，出现了自伤的行为和自杀的念头。请你要高度警觉，他是在向你发出求救信号。一条生命，就掌握在你的一念之间，而这样一条鲜活的生命是值得你去负责的。不要企图只用爱和关心来打动他，因为他病了，爱和关心是药引，而不是治病救人的药。所以，用你的爱和关心来呵护他，帮他约到专业的人，来协助他走出那片阴霾。

而关于那个女孩子所说的"我很痛苦，我可能得了抑郁症"，我已经无从分辨。但是，我们都知道："健康的一半是心理健康，疾病的一半是心理疾病。"在心理疾病当中，抑郁症是一个普遍存在的精神疾病，而且呈年轻化趋势。

美国国家心理卫生研究所列出了可能的抑郁症症状：

→ 一天中大部分时间感到悲伤、空虚、愤怒、绝望，甚至因琐事而沮丧；
→ 对曾经充满热情的事物丧失兴趣；
→ 体重骤增或骤减；
→ 出现自杀的念头；

> →记忆力出现障碍；
> →有些人则会行动与说话迟缓、感到疲倦、否定自我价值等。

美国一项统计数字显示，仅一年内，美国便有300万青少年抑郁症发作。近年来，美国12～17岁这个年龄段，青少年因抑郁症接受治疗的人数在稳步攀升。

在中国，川大华西医院心理卫生中心每周有100个儿童青少年新增精神病例。根据该中心在成都市中小学做的抽样调查，2%的学生有抑郁焦虑情绪，其中女生多于男生。在抑郁症确诊患者中，最小的年仅8岁。

医学专家提醒：抑郁症不分年龄，当抑郁持续14天以上，焦虑持续1个月以上，同时已经影响到吃饭、睡觉、工作、人际交往等生理和社会功能时，就应该接受心理咨询或药物治疗。

● 青春期抑郁症会造成什么后果？

青春期，对于一个人的成长至关重要。青少年患抑郁症后，如果不接受有效的治疗，可能会产生种种不良后果。

> →如果治疗不及时或者治疗不彻底，就容易复发。虽然抑郁症患者90%以上能治好，但有50%的可能性会复发。如果复发1次，以后复发的机会更高；如果复发2次，会有约70%的可能性还会复发；如果复发3次，会有约90%的可能性会继续复发。
> →如果讳疾忌医，不去治疗，那么最让人心痛的后果就是患者自杀。据统计，15%的抑郁症患者死于自杀，50%以上的抑郁症患者曾想过自杀。在15～35岁人群的死亡原因中，排在第一位的就是自杀。

● 青少年有什么可烦恼和抑郁的呢？

首先，青少年正处于青春发育期，体内的激素水平变化很大，因此情绪波动比较大，很容易产生各种想法。如果青少年产生了某种消极情绪，比如极度不自信，把生活中的困难全部怪在自己头上或者觉得人生没有希望，得抑郁症的概率就会大大增加，而且很有可能会产生自杀的想法。

其次，现在社会中的每个人压力都很大，青少年要面临中考、高考和就业等重要时刻，学习压力和竞争压力越来越大，每天有上不完的课、写不完的作业，不断被拿来和其他孩子比较。并且，青少年也很少有可以舒缓的地方和方法，所以很容易诱发抑郁症。

再次，虽然现在很多老师和家长极力鼓励孩子大量阅读，但对孩子阅读的书籍却不加选择，甚至认为，孩子能够读一些哲学、人类学的书籍，是理解能力强的表现。殊不知，当孩子的认知和逻辑仍然在发展中的阶段，去读一些很深奥的书籍，可能会产生偏颇的理解。

很多老师和家长会把孩子的"焦虑"和"抑郁"，误认为是"青春期的叛逆"，结果耽误了心理调节和治疗的时机，以至于引起了更严重的症状，甚至造成厌学、退学、自杀等结果。所以，当你发现孩子有情绪低落、兴趣减退、愉悦感缺乏这三个症状或者有异常举动的时候，那就要引起重视了。

如何识别抑郁的隐藏信号?

有一天,一个小姑娘Jessie找我做咨询。

她说:"婷婷老师,我真的不知道自己怎么了,也没有办法了,就是经常胃难受,一抽一抽地疼,有时候会呕吐,也不是吃坏什么东西,但是时不时地就会发作,还会拉肚子。平时食欲也不好,经常半夜就会醒来。"

我问:"像这种情况持续多久了?"

她说:"从我进入高中开始的,断断续续快有一年了吧。而且我根本不知道什么时候会发作,在生理期之前更加明显。最严重的时候疼得我在地上打滚,浑身直冒冷汗打哆嗦,甚至还叫过120。"

我问:"当时有采取什么措施吗?"

她说:"有,去医院打了止疼药也没用,一天后疼痛才会好一点。"

我问:"医生后面检查的情况怎么样?"

她说:"各种检查都做了,胃肠镜、抽血什么的,都没有什么病理性的原因,医生说我没问题,又观察了几天,看我没事就让我回去了。"

我问:"那这一年多,有发生什么特别的事情吗?"

她说:"也还好啊,就是这一年多感觉在一个陌生的环境,身边的同学都非常优秀,自己既自卑又不善于表达,比较内向,我感觉自己过得很不开心。"

我问:"最近一次是什么时候发作的?"

她说:"就在两周前,要进行期中考试了,然后就没来由地开始疼。最后,医生说,你要不去精神科看一下。开始我没听进去,因为我觉得我这就是胃疼,所以,我继续辗转于各大医院看我的胃疼,但是几个医生在做了检查之后,都建议我看一下精神科或心理科。我这才想到找你来做一下心理咨询……"

其实,Jessie的这种问题在心理学上属于"心理问题躯体化":因为学习或者生活的压力产生了焦虑的情绪,长期积累下来,心理和情绪的问题就会反应到身体上,从而出现生理症状。

● 心理问题躯体化有哪些表现形式?

不单单是胃疼,很多心理问题当发生躯体化症状的时候,会以不同的形式表现出来。比如,我之前做过的一些来访者,在他们知道自己的问题其实是心理问题之前,都出现过他们所谓的"奇怪的、没有原因的身体症状",比如:

→忽然间,强烈的耳鸣、目眩袭来……原地休息一会儿,心脏扑通扑通跳得厉害。难道是脑梗?心脏病?

→突然从肩膀开始延伸到手指,一阵阵刺痛,酸麻感久久无法散去。难道是神经坏死?肩周炎?

随着各种因素的不断变化,心理问题躯体化的临床表现也变得越来越多样,涵盖五官科、口腔科、皮肤科、感染科等。

根据各大医院综合大数据可以看到,综合性医院里面的患者,1/3是躯体疾病,1/3是心理问题躯体化(单纯心理问题),还有1/3是躯体疾病伴发心理方面的问题。

● "心理疾病躯体化"有什么特征?

根据黑龙江大庆市某综合医院数据统计出来,"心理疾病躯体化"有如下几个特征:

→ 身体无器质性病变,心理问题躯体化患者占30%~40%;

→ 病程长,普遍两年,许多患者都在发病两年以上才找到病因,把急性病拖成了慢性病,延误病情的达到90%以上;

→ 从多年接诊经验来看,女性由于性格原因对自身和生活要求严格,其发病率要比男性高出2倍左右;

→ 从接诊患者总量来看,心理问题躯体化的患者占30%~40%,这部分人又有90%的人把假病拖成了真病。

因为Jessie之前在各大医院的就医经历,已经基本排除了器质性问题。在对Jessie做了整体评估之后,我和她确定了用催眠技术帮助她调节和降低焦虑,通过缓解焦虑(即心理痉挛)来缓解胃疼(即胃部痉挛)的方案。那么,对于Jessie来讲,要做多久的心理调节才能缓解这个已经持续一年多的来无影去无踪的心因性胃疼呢?

按照给她设计好的方式和频率,刚刚催眠了4次之后,她就开始能让自己慢慢放松下来,食欲和睡眠都有了一些改善。等到一个疗程做完,她无论是再回去学习,还是生理期的时候都不会再出现胃疼的情况了,她整个生活工作的状态也变得越来越好。

最让Jessie开心的是,她终于可以在夏天吃西瓜了!Jessie说:"婷婷老师,您不知道,在您给我做催眠调节之前,因为我频繁的胃疼,一切凉的寒的,甚至瓜果梨桃我一概不敢吃。因为那一年多里,反复胃疼但怎么都查不出来具体问题,所以我只能忌口。那会儿,别说冰棍儿冷饮了,就是海鲜和水果我也是碰都不敢碰的。但即使这样，胃疼还是照样疼，可把我郁闷坏了。现在终于好了，终于把我这个莫名其妙的胃疼治好了。我终于可以在夏天用勺子挖西瓜吃了，简直太幸福了！谢谢婷婷老师！"

其实这种情况在每个人的生活中并不少见：经常感到全身这也不舒服，那也不舒服，做了很多检查，也找不到具体的病因……这时可能就是你的心理状况出了问题。

尤其是有抑郁或者焦虑症的人，通常身体上会出现胃肠道症状（比如胃疼、恶心拉稀）、呼吸循环系症状（比如心慌胸闷）或者皮肤/肢体的疼痛（比如肩颈酸疼）等问题。

●婷婷的心理会客厅　为什么心理上的焦虑抑郁，会影响到身体的肠胃上？

人体的胃肠道拥有5亿个神经元，其中80%～90%的神经纤维都联结着肠道与大脑，被称为"人体的第二个大脑"。

人的大脑和肠胃就像是一对双胞胎，脑肠相通，相互传递信息做出反应，一个受到刺激出现不适，另一个也会出现同样的感受。所以，你大脑不开心，就会反应到你的肠胃也会有各种不适。比如只要一紧张，马上就想拉肚子；忙碌一点，就会出现便秘。

如果一个人长期处于压力和焦虑、抑郁的负面情绪下，自己又无法排解，就更容易导致胃肠道功能紊乱的问题。

在现在快节奏高压的学习工作生活环境下，很多人都处于亚健康的状态，身体上有点不舒服都觉得是小毛病没什么大不了。身体不适老不好，确实有可能不是什么身体上的大问题，因为问题可能出在心理上。

● 怎样及时发现自己出现"心理问题躯体化"的情况呢？

▎疾病是一个关键信号

通常，大家都害怕发现自己生病。其实，疾病并不是敌人，是善意的提醒。它以某一种方式来提醒你，让你知道你的生活方式或者思维模式出问题了。比如，当你吃了一些不新鲜或者不卫生的食物，身体就以拉肚子的形式提醒你；当你长期睡眠不足，它就用眼睛发红、脾气暴躁来提醒你，该好好休息了；压力焦虑过大，它就用胃疼胃胀来提醒你。

所以，面对身体或者心理的问题，我们不仅要想办法消除症状，更重要的是，找到引起问题的原因，改变不良的生活方式，才能够治标又治本。

▎长期出现生理不适的情况，及时就医

如果你身体长期反复出现某一种症状和问题，及时去医院咨询医生。我见过很多来访者，总觉得自己太忙没时间，觉得小毛病不用小题大做或者讳疾忌医拖着不愿意去医院。扛着的后果，就是一点小病反复发作，甚至一次比一次厉害，最后严重影响到自己的生活。

而且更值得引起重视的是，很多心理和情绪的小问题没有及时得到疏导，其结果并不仅仅是"我再多难受一段时间"，而是一些应激性暂时性情绪会因为病情被拖延而泛化为长期的顽固性反应模式。更不用提，当自己情绪状态不好的时候，可能会做出一些过激的行为或者不当的选择，这些可是会在实质上伤害自己的社交关系和未来发展的！

▎生理治疗和心理治疗双管齐下

很多人都觉得，只有"抑郁到觉得活着没有意义"才会寻求治疗和帮助，心情不好爱发脾气忍忍就过去了。其实，长期肠胃不良、肩颈酸疼僵硬、失眠缺觉头疼……都是在提醒你：可能最近压力过大，需要调节自己的负面情绪了。

我们每天都要洗脸，给自己的皮肤做清理，但是总会忘记我们也需要定期给自己的心灵清空垃圾。否则，垃圾一天天积累，心灵的管道最后就会被堵得水泄不通。如此，不只心理会出现问题，躯体也会生病。

你需要照顾好身体，也要照顾好自己的心。

● 婷婷的心理会客厅　　躯体化症状的临床表现

1. 消化系统：腹胀、恶心、返酸、嗳气、便秘、胃疼等

前面我们说过，胃肠道是人体的第二个大脑，拥有5亿个神经元，其中80%～90%的神经纤维都联结着肠道与大脑。心理上有问题马上会反应到你的肠胃，从而引起各种不适。

2. 皮肤：如发冷、发热、虫爬感、多汗等症状为主

一般认为皮肤疾病发生的可能与体内的组织胺、蛋白酶等递质的异常释放有关，但人的情绪出现异常变化，体内这些化学物质也会异常分泌，会使原有的瘙痒加剧，也会在一个没皮肤病的人身上引起瘙痒等症状。虫爬感、心因性瘙痒、寄生虫妄想等都是心理问题躯体化常见的临床表现。

3. 免疫系统：唇疱疹、耳部湿疹等

这一类病毒真菌感染的病症和免疫力低下有关，当人长期处于焦虑下，体力变差，免疫力低下，容易感染病毒。五官或阴部等位置出现的莫名瘙痒和感染也可能是情绪问题导致的。

唇疱疹和耳部湿疹是我见过的初三、高三、研究生考生中常发的症状。

4. 其他常见症状

神经系统：头疼、头昏、头脑不清、反应慢、失眠等。

呼吸循环系统：如胸闷、心慌、无端叹气等。

肌肉骨骼：颈背腰酸痛、关节疼痛等。

● "抑郁症"有哪些容易被忽略的特征?

如果有这么多的躯体化症状都是因为不自知的"焦虑抑郁"等情绪引起的，那么抑郁症又该如何判断和分辨呢？其实，在我做心理咨询和催眠调节的过程中发现，大家都被自己想当然的"抑郁的样子"骗了。

抑郁症又称抑郁障碍，以显著而持久的心境低落为主要临床特征，是心境障碍的主要类型。

临床可见心境低落与其处境不相称，情绪的消沉可以从闷闷不乐到悲痛欲绝，自卑抑郁，甚至悲观厌世，有自杀企图或行为，发生木僵；部分病例有明显的焦虑和运动性激越；严重者可出现幻觉、妄想等精神病性症状。

通常，人们谈起抑郁症的时候，描述的症状一个是心情不好，另一个是睡眠不好。但是对于这两点的判断，每个人又有不同的解读（并且睡眠不好其实并不是抑郁症的必然表现）。所以，我特别在这里总结出来三个容易被人们忽视的重要特征，当你观察到自己、同学、朋友、家人有这些表现的时候，就需要绷起一根弦，看看是不是需要寻求专业的帮助了。

严重的拖延症，生活无动力

抑郁症的一个重要的表现之一就是缺乏动力、拖延。

表现在生活中，就是懒得穿衣打扮、收拾屋子、吃饭聊天等。每天虽然没有做什么，但总是觉得很累很乏，所以尽量避免一切脑力劳动和体力劳动，就愿意躺着或者一个人独处。

而这种"动力的缺乏"表现在学习和工作中，就是严重的拖延症。完成这个任务对自己来说本没有什么难度，但就是拖着不去完成。就算被逼到最后一分钟了，自己也就是给凑合完成，没有任何紧迫感，而且在做完之后体验不到任何成就感。

抑郁症患者，因为对生活缺乏动力，所以对一切都没有什么兴趣，普通人觉得应该高兴的事情，抑郁症患者都会反应平淡，甚至觉得没有什么意义。

周期性、持续性发作

抑郁症是一类复杂的疾病，抑郁是有生理易感性基础的，在与外界环境发生相互作用并且反馈到自身后，表现出一系列抑郁症状的动态过程。

这段心理学教材上面的话，重点在哪里呢？在生理易感性基础和外界环境上。也就是说，抑郁症是由先天的遗传因素和后天的社会因素共同决定的，这个同时也是抑郁症会周期性发作的原因。

比如感冒，有的人觉得太阳穴疼，有的人是后脑勺疼，而有的人是嗓子疼，甚至有的人哪里也不疼只是流鼻涕。也就是说，某一类人的身体素质（生理易感性基础）在感冒病菌（外界环境刺激）入侵的时候，每一次难受的部位和感觉都是类似的、不会改变的。甚至他可以在还没感觉到自己感冒的时候，单单凭借太阳穴疼就判断出自己快要感冒了。

面对压力、重大变故或者消极的心理刺激，每个人的反应形式也是各不相同。有的人不爽了会去运动，有的人会去唱歌，有的人会去买买买，而有的人则会抑郁。所以，那些曾经抑郁过的人，由于他的生理易感性，在下次面对同样强度的外界刺激的时候，他的反应模式还会是抑郁，不会变的（比如，不会突然变成出去打一架或者把情绪化为食欲）。这也就是抑郁症会反复出现的原因。

自我价值感低，自卑

抑郁症还有一个明显的特征就是自我价值感低，觉得自己什么都没有别人好、怎么做都不够好、自我贬低、没有自信、很严重的自卑。

通常抑郁症患者会有"我不对""我不好""我不行""我学不好数学""我总是考虑不周"等的不客观的消极自我定义，并且当别人指出"你看你这个方面就很不错呀"时，他们典型的反应会有两种：

> → "我觉得这个不算什么呀!"
>
> → "但是这个方面和×××比,差远了!"

当我们对于抑郁症的特征了解得越多,我们越能够在早期就敏感地意识到,并且去寻求解决方案,防止事情和情绪发展到无法控制的地步。虽然抑郁症是在外界刺激的作用下周期性发作的,但是不代表我们每一次都只能坐以待毙。如果我们能在这一次发作的情况下,找到积极、有效的应对方式,那么在下一次发作的时候,我们可以第一时间运用这种方式,缩短抑郁的时间、缓解抑郁的程度、减轻抑郁的不良后果。

情绪管理｜心理咨询师如何用"情绪词典"来调节自己的情绪状态？

"Vivian，你怎么可以在连续做13个小时的心理咨询和催眠预约之后，还能坚持锻炼、读书、练琴、陪伴老公和孩子的？你是怎么做到高效管理你的时间的？"

其实，我和每个人都一样，一天只有24小时。除去睡觉的8小时，一天内有16小时的清醒时间。在这16个小时当中，为什么有的人能做8件事情，而有的人只能做3件事情呢？

在回答上面这个问题之前，让我们先来考虑一个有关跑步的问题：在同样的时间内，为什么有人能跑800米，而有人只能跑300米？

那个能跑800米的人，在跑完前300米之后，还有足够的耐力和体力持续跑完后面的500米。而那个只能跑300米的人，在跑完300米之后，已经累到虚脱。虽然还有时间，但是他已经没有体力了，无法再继续往前跑了！

也就是说：决定一个人在固定时间内是可以跑800米还是300米的，并不是在跑步过程中对于时间的分配，而是他的体力。

同样的，决定一个人在清醒的16小时当中是可以做8件事还是3件事的，并不是在一天当中对于时间的利用效率，而是他精力的续航能力。而精力的续航能力，是直接受情绪力影响的。所以，你需要管理的是你的情绪力，而不是时间分配能力!

就算你一天的时间安排计划得再好、事情的优先级安排得再合理，但是上完一上午的课或工作之后，你的情绪力已经消耗殆尽。中午吃完饭之后，你就进入了"低电待机"模式，所以你也没有高昂的精力和心气去完成下午的课程或工作。等到晚上，拖着疲惫的身体爬上床之后，又会带着对自己一天碌碌无为的自责和惆怅入睡。

其实，每一个看起来郁郁寡欢、力不从心的人，并不是别人以为的"安排不当、不求上进"所导致的，而是因为他有一个没有被充满电的"情绪力进度条"。

● 要如何提高和管理自己的情绪力，活成自己理想中的样子呢？

▎锻炼身体，加强身体肌肉，保持充沛的活力

从小我们就知道：物质是第一性的，意识是第二性的。所以，很多人都明白的道理是：要想情绪充沛，必须身体健康。但很多人不知道的是，如果你想提高情绪力的耐受性，你同样也要提高身体的耐受性，让你的体力变得越来越好。在特别容易疲惫的情绪力背后，一定有一个特别容易疲劳的身体。

拿我自己来举例子，很多人都知道我"每天雷打不动地5:30起床锻炼"。随着举铁的重量不断增加、俯卧撑的数量越来越多，我明显感觉到一天能够持续完成的心理咨询和催眠调节的数量，从之前的一天3小时，一路增加到了现在的一天13小时。

而且之前一天3小时的预约做完之后，整个人感觉快散架了。但是现在，一天13小时的预约做完，回家还可以给女儿讲绘本或者自己写读书笔记。因为身体的耐受性变好了，情绪力上的续航时间也在同比增加！

▎锻炼情绪，加强情绪肌肉，保持良好的状态

心理学的研究证明，类似于"要想管理身材，就要持续地锻炼身体肌肉"，要想管理好情绪，也要持续地锻炼"情绪肌肉"。

身体在不锻炼的情况下,是无法轻松举起5千克的哑铃的。但是,通过持续地健身,不但能举起5千克的哑铃,还可以轻松举起更重的哑铃。

情绪也是如此。在情绪肌肉得不到训练的情况下,一点点的挫折和不如意就会引起你的不开心,会消耗掉你所有的情绪力;而当你不断训练情绪肌肉之后,不仅之前击败你的挫折不再会影响到你了,而且你会越来越好地把这些消极因素转换到"情绪力续航池"里,变成你的动力!

在锻炼情绪肌肉之前,要先把事实和情绪区分开来。区分这个有什么用呢?情绪是可以被安抚的,而事实是不能被改写的。当我们误把事实当作情绪的时候,安抚就会被当作敷衍。

在一次心理咨询中,一个高中女孩跟我说:"婷婷老师,我明白我不是突然厌学和离奇抑郁的,其实很多情绪已经淤积在我心里很久了。有些事想找人说,也不是一年两年了。但是,熟人说不了,能说的人又不了解。有时候想找人聊天,最后就是找不到!

"其实我和朋友家人的关系都还不错,但我已经很久不和周围人说我的事情了。总觉得没必要和他们说那些,因为说了也白说。我曾经试过,但是他们却不懂。

"比如,我的一些朋友对事物的看法总是比较消极——比我的看法还消极,他们总喜欢找我说那些消极的想法。我觉得她们怪可怜的,于是每次都听她们说。但听多了,我也会很难受、很消极。于是,我就和我的父母说了朋友们给我的负能量,但我的父母听完只淡淡地说了一句'那你就别和她们在一起了',之后就没再说别的了。

"再比如,有一次我和朋友们去玩剧本杀,玩得正高兴时,不知道为什么我突然觉得人性很脆弱、黑暗和伪善。顿时,我觉得心情挺沮丧的,但当我刚刚说了句'哎……真是千万别刻意去考验人性,人性是经不起考验的',就被朋友们催促'快点快点,哪还有工夫想这些!时间不够了'。于是,我只能把想说的话硬生生地憋回去。

"夜里本来就是容易伤感的时候,但是您知道吗,我会在大半夜跑到网易云里随机匹配人一起听歌,其实我就是想找能说说话、做做伴儿的人。我都不敢相信自己会用这种方法寻找陪伴感,但是我真的太希望有人能理解自己了!"

从这个例子中可以看出,周围人有时候是看得见她的低沉情绪的,并且试图帮助她。但从女孩自己的反应来看,话是给岔过去了,但是情绪并没有被安抚好。更糟的是,情绪不但没有被安抚好,反而被硬生生地堵了回去,压在心底慢慢发酵。为什么会这样呢?

● **在面对别人的消极情绪时,想帮助他们的人的误区在哪里?**

大家太容易错把解决问题当作沟通的首要目标了,其实接纳情绪才是首先需要做好的。这也是为什么对任何一个心理咨询师做训练的时候,训练的第一步都不是咨询技巧,而是共情的能力。一位心理咨询师只有做到了共情,才会接纳来访者的情绪,等帮来访者把情绪疏导好了,很多来访者以为的问题便不再是问题了。

但是,如果把力气用错了地方,一上来就解决问题而忽略情绪,结果自然就会背道而驰。很容易发生像例子中的孩子的情况,我和你说完我的问题,你刚一开口说话,我就觉得你是站在制高点上指点我,这种被居高临下的感觉足以让任何人三缄其口。

那么,我们来分析一下,当女孩说出"朋友们给我的负能量"时,周围人怎么和她互动才能让她的情绪比较好地宣泄出来呢?那就要先分清这句话当中,女孩的问题是什么,她的情绪又是什么。

女孩的问题是"朋友们给了我很多负能量",而情绪是"我今天有点沮丧"。她当时说这些话的潜台词其实是:我今天有点沮丧,希望你能多陪我说说话,这样我心情才能好一些。而不是朋友们给了我很多负能量,我该怎么办?

可能你会觉得:"天呐!怎么这么多弯弯绕,她想让我陪,难道不能直说吗?"然而,现实是,我们大多数人经常用看似在表述问题的句子来掩盖我们的真实情绪的表达。

"那就不能大家都练习着先找到内心的情绪,然后再表达出来吗?"

对，反问得很对。如果每个人都能敏锐地觉察到自己的情绪，把自己的情绪说出来，而不是带着情绪把问题抱怨出来，沟通成本就会小得多，沟通效果也会好得多。所以，这也是为什么我们这一章中的"情绪管理"文章里提供的情绪管理工具就是"情绪词典"。

● 如何来区分事实和情绪呢？

最基础的方法就是用下面的句式来区分：

→描述事实/事件的时候我们会说：××是××；

→描述情绪/感受的时候我们会说：××让我感觉很××。

每个人描述情绪的高频词会是有数的十几个或者几十个，当把这些表达情绪的高频词都分辨出来之后，这些词便组成了这个人的"情绪词典"。有了"情绪词典"，才可以进行后面几章提高情绪力的一招一式的练习，直至最后自由排列出组合拳。

看起来很简单是不是，而且像小学语文课一样都给出例句了，应该能区分了是不是？能区分别人的事实和感受是第一步，能说出自己的事实和感受是进阶技能。因为有很多人在知识星球App"婷婷的心理会客厅"中给我留言说：真等到描述情绪的时候，自己突然不知道该用什么形容词来描述了。

那么，作为一个引子，我给大家提供了7个基本情绪。在练习分辨别人情绪和描述自己情绪的时候，可以先使用这些基本款。等大家情绪力大涨的时候，可以用自己的自由定制款。

基本款的七个情绪是：

→积极情绪：喜（高兴）、爱（喜欢）、欲（渴望）。

→消极情绪：怒（生气）、哀（悲伤）、惧（害怕）、恶（讨厌）。

就像锻炼身体肌肉不是听着教练讲讲课，身材就可以变好了一样，锻炼情绪肌肉也不能光看看书，心态就可以改善。提高的途径一定是在听完看完之后，去练习和实践。

熟悉了这个工具后，大家在这一章前面的文章中来练习区分事实和感受，从而逐步构建出当事人的"情绪词典"。把自己当作他们的心理咨询师，分析当事人在那个当下是什么样的感觉。只有先站在局外来分析别人，当自己处于局内的时候才有可能具备自我分析的能力。来吧，操练起来吧！

"情绪词典"总结

搞不定学业以及与周围人的关系的原因，是你还没有搞定自己，没有搞定自己的情绪。

1.分清事实和情绪

事实/事件，描述的时候我们会说：××是××。

情绪/感受，描述的时候我们会说：××让我感觉很××。

2.人类基本情绪

三字经：曰喜怒，曰哀惧，爱恶欲，七情具。

喜：高兴；怒：生气；哀：悲伤；惧：害怕；爱：喜欢；恶：讨厌；欲：渴望。

三大积极情绪：高兴，喜欢，渴望。

四大消极情绪：生气，悲伤，害怕，讨厌。

抑郁，也是对自己的否定。

管理情绪，主要就是管理我们的消极情绪：生气，悲伤，害怕，讨厌。

第二章

好好的，为什么抑郁的就是我？

看画读心 | 我的脑子里为什么总有其他的声音？

17岁的小冉从小家庭环境优越。她爸爸本来是领导，但突然被降职减薪处理，她家的生活质量也跟着急转直下。同学开始对她议论纷纷，她感觉周围人对她态度也没有原先那么好了。用她自己的话说，就是"突然间，我从一个享受着无忧无虑生活的孩子心态，一下子催熟成一个感叹世态炎凉的退休老人心态。慢慢地，我还发现自己内心的阴暗想法越来越多了"。

她说："比如之前，我很喜欢参加学校活动，认识新朋友。但是现在只要有人来和我聊天，我脑子里会不自觉地冒出'她想图我点儿啥'的阴暗想法；有时候，我看见别的同学聊得很欢，我就会想'凭什么她们都可以那么开心，而我的开心却被剥夺了'；有时候我还会诅咒我身边开心的、温暖的、感人的人和事。我觉得自己有这样的想法是一件很恐怖的事情，太不善良了，但是我又控制不了我自己。

"婷婷老师，我上网查了一下，这种不属于自己的、大脑里有另外一个声音的现象，叫作'侵入性思维'。如果严重了，就会引发抑郁症、焦虑症和强迫症。

"晚上，我自己在家的时候，经常锁着门、拉上窗帘、不开灯，就这么着坐在床上，有时候突然就哭了。但白天的时候，我又会觉得自己晚上在家的样子不太正常。这该不会是抑郁症或者精神分裂的前兆吧?"

●婷婷的心理会客厅　侵入性思维

　　侵入性思维,是一种心理状态,类似于强迫症。侵入性思维的出现是强迫的,是不受患者主观意识控制的,强行闯入的心理想法。这些想法大多是关于暴力的、不切实际的、非自然的行为或事件。比如:

- 站在高处时,有一种莫名想跳下去的冲动;
- 过马路时,想象自己被一辆突如其来的货车压扁;
- 晚上躺床上时,想象自己的至亲去世。

　　虽然自己清楚这种事大概率不会发生,但就是不由自主地会在脑海里想象。心理学家在一项研究中发现,几乎所有身心健康的大学生透露过他们时不时地会产生侵入性思维。常见的侵入性思维包括对人际关系的重复怀疑、自我批判与质疑、亵渎或淫秽的图像、性别认同、安全、宗教、死亡或是单纯怪诞的想法。

　　出现这类想法其实是大脑活跃的正常表现。我们的大脑有时候会出现某些垃圾想法,这些想法只是意识流中的一部分。在生活中,每个人应对侵入性思维的方式各不相同,有的人可能会选择忘记,有的人会试图压制。而选择以服从来应对此问题的人,极有可能会发展出强迫思维。

　　当一个人不断地对"我不洗手就会得病""我的作业是不是忘了交了""我一定要再检查一下门是不是锁好了"等类似的侵入性思维服从后,他的强迫性行为就会慢慢形成。当这样的思维高频率地出现,行为就会持续被强化,最终形成令人苦恼的心理疾病。

　　当一个人对侵入性思维过度执迷,以至于严重干扰了他的日常生活,极有可能会引发焦虑、抑郁或强迫症等心理疾病。患有抑郁症的人经常会被突然出现的侵入性思维所困扰。尤其是当他们正在进行一些与抑郁毫不相关的思考和行为时,带有抑郁性质的侵入性的思维就会突然出现,让本不抑郁的生活体验变得忧郁。

当抑郁患者们无法合理地应对这些不真实的想法时，他们还可能通过反刍思维来加强这些想法的危害性。反刍思维是一种不断思考和重复悲伤或黑暗想法的过程。这也就不难解释，当一些人在做起床、洗衣服这类十分平常的事时，面对突然出现的"你觉得你的人生有意义吗？"这种灵魂式拷问，会不禁开始反复思考，并且跟随这种思路开始质疑自己、否定自己，就此陷入抑郁的情绪中难以自拔，从而失去对生活的动力。

看着小冉那一副既困惑又无所谓的样子，我知道她没有准备好要进行更深入的探讨。于是，我让她画了一幅画。

图3　小冉画的"房树人"

从图3中我们可以看出：

1. 画中的人物有涂抹的痕迹，涂抹之前是抬臂招手的样子，而最后的定稿是双手下垂、无能为力的样子。也就是说，在孩子的潜意识中，知道自己应该表现得热情、友好、乐观，但实际上因为某些原因，自己已经越来越无奈和低落。

——从画中看到这一点的时候我非常开心，因为这是一个很明显的信号：这孩子还有救！虽然孩子家里遭遇了变故，但是由于家庭关系、经济、学习的多重压力，导致孩子对事情的解读和思考都出现了偏差。从表面上看，孩子已经完全放弃了。但就因为这个下意识画出来的抬臂招手动作，可以判断出她心里还有热情。但需要警惕的是，这个开放型的动作最后被涂抹掉了，表示孩子否定一切的想法比较严重，留给我的时间不多了。

2. 画中树木繁多，却都是东倒西歪的。也就是说，在孩子的潜意识中，过去的经历并没有成为她幸福的源泉，反而在一直扰乱着她的三观的建立。

——其实不同的孩子，在面对突发情况或是困难处境的时候，分析思路会大不一样。有的人的美好的过去是会在受伤的心中生出一团火，去温暖和疗愈这颗受伤的心；而有的人的美好的过去是会在受伤的心中扔下一把刀，让这颗受伤的心更加伤痕累累。而小冉属于后者，她一直觉得过去的幸福是在不停地告诉自己"你现在活得有多失败、多不幸"。所以，她其实没想要与世隔绝，她想的是与自己的过去隔绝，这样可以保护好自己不受伤害。但是，小冉在实现与自己的过去隔绝的过程中，做出来的行为却把她和现实中的美好隔绝开了。

3. 画中的房子有门有窗，门前是一条很通畅的大路，但窗户却被大树遮挡了起来。孩子的潜意识中，虽然很希望沟通，但是因为与周围人沟通频道不一致，导致孩子对于沟通逐渐失望，甚至导致孩子产生孤独感。

——根据这一点，我判断孩子的父母应该没有跟孩子说清楚家里到底发生了什么变故，以及对家庭的影响有多大。孩子有觉察、想问，但又看得出家长的闪烁其词。家长确实是好心，不想让孩子分心，但是家长的这种欲盖弥彰，却在无意识中加重了孩子对于人际关系的不信任感，使得孩子更无法安心学习。

家庭的变故，要不要和孩子说明？

在接下来的调节过程中，我除了给孩子做催眠调节来帮她重建起对周围人的信任和对自己的期待的同时，也给孩子的父母做了家庭咨询，帮助父母理解孩子、找到和孩子沟通的合适的渠道。并且，我还建议她的爸爸妈妈跟孩子实话实说，因为孩子是敏感的，很多事情她是能感受得到的。

与其大家都处在阴霾中，不如在孩子面前大大方方地以她能理解的方式讲出家庭境遇的现状及原因。帮她理解人有旦夕祸福，月有阴晴圆缺，人这一辈子都会摊上点事儿，遇到些坎坷，不必想不开。如果一家人都是坦然接受现状，从当下打算的态度，孩子也不必承受一些不必要的包袱。

经过一个疗程的催眠调节，小冉又能和同学们正常交往了，并且她和家长、周围人之间又可以进行一致性沟通了。现在的她也已经在全力以赴地准备高考了。加油，小冉！

"看画读心"总结

- 人物双手上举呈开放状：接纳和宽容的态度；人物双手低垂或在胸前环抱：拒绝、自我防御的状态。

第二章 好好的，为什么抑郁的就是我？

- 树木东倒西歪：对过去自己积累的否定（可能是针对自己的一些人生经历，也可能是针对自己的学业成绩和知识储备）。
- 房子中的门和窗、房前小路被遮挡或根本没有画出来：在沟通方面有所隐藏或逃避。

画一画

请以《我的家庭》为题，画一幅画。

什么样的家庭，容易让孩子抑郁？

"现在的孩子怎么这么玻璃心"是我做心理讲座和亲子咨询时，最常被问到的问题。而我在做心理咨询和催眠调节中，发现一条越来越明显的规律就是：很多抑郁焦虑的孩子，来自事业有成且追求效率的家庭！

● **佛系孩子的内心真的什么都不在乎吗？**

这样的家庭能很好地满足孩子的物质需求，但会无意识地忽略孩子的情感需求。久而久之，会造成孩子物质上极大丰富，而情感上极度匮乏。

正因为这种矛盾是孩子说不清道不明的，所以一方面孩子会表现得对外物无欲无求、甚是佛系，另一方面会表现得对社交极为敏感、焦虑、担忧。孩子在这种不为外人道又挥之不去的心理内耗下，心理能量在不断降低，直至最终低电报警，焦虑抑郁。

这并不是说家长不能为自己的事业而奋斗或是不能有自己的时间去享受生活，而是说家长不要把"我给孩子花钱一点都不抠门"等同于"我的孩子很幸福"。

比如，我最近调节着的西西同学。她之前在班里一贯懂事、同学关系很好，学习成绩也不错，老师们也都很喜欢她。但这学期开学以来，她经常在上课的时候默默流泪。老师问她是不是哪里不舒服，西西说没有不舒服。老师问是不是发生了什么事情，西西默默地摇摇头。

于是，老师特意观察了西西在班里的情况，在她周围确实也没有发生什么异常的情况。后来，老师请来了家长，和家长说明了西西在学校的情况，询问家长是不是家里发生了什么事情。家长一脸茫然地说："家里什么事都没有发生，很正常呀！"老师只好建议家长多关注一下孩子，带孩子去看看心理咨询师。

家长带西西去医院后，几张问卷和一些检查做完了以后，孩子被诊断为轻度抑郁症。家长一下子慌了，找到我的心理管家预约了心理咨询，见到我后的第一句话就是："婷婷老师，我的孩子从小到大都很幸福很满足。我不明白孩子怎么会突然在上课时默默流泪，并且说她没有开心的感觉了？！"

从小到大都幸福很满足的孩子，怎么会突然在10岁左右就没有开心的感觉了呢？带着这个疑问，我继续询问着孩子和家庭的情况。

在接下来的沟通中，我得知孩子的妈妈爸爸都是要长期出差忙事业的，所以陪伴孩子的时间非常少。而每个月少有的在家时间，也经常因为要开电话会议或者准备工作材料，不得已一边陪孩子一边忙工作。

爸爸说："婷婷老师，我知道从孩子出生后，我们对孩子的陪伴太少了，但这并不意味着我俩不重视孩子。相反，我们夫妻俩都非常爱我们的宝贝。我们每天拼命工作，不就是为了给她打造更好的物质基础和家庭环境吗？"

妈妈接着说："是的，我们真的很爱孩子。我们基本上不会约束或拒绝孩子。她张口要的东西，我们会一概应允，在给孩子花钱上面，我们也很大方。虽然我们很少在家，但为了让孩子知道我们想着她，每次我俩出差回来一定会给孩子带礼物，在家的时候更不必说，好吃、好喝、好玩地招待着。我们真是不明白，为什么她居然'没有开心的感觉了'？"

看起来，这对父母真的有很多不得已。相比之下，孩子的抑郁就显得有些不知足和矫情了。等等，让我们回退几步，再来重新看一下父母的描述：

> → "我们真的很爱孩子,因为我们对她很少限制。"
> ——很少限制就等于很爱吗?
> → "孩子的吃穿用度上更是一概满足,她应该感觉幸福才对呀。"
> ——物质上的满足能等同于幸福感和满足感吗?

显然,上面的两个等式是不成立的。

家长们一边说着"我们很忙,从孩子出生起几乎没时间陪她",一边说着"孩子从小到大都很幸福很满足",但是这两句话明显是相互矛盾的。

实际上,家长也真的没有意识到自己做了什么。或者说,家长只是把"我们满足了孩子一切的物质需求"下意识地等同于"我们满足了孩子的一切需求",这种概念替换做的时间长了,他们就真的不知道对孩子来讲,比满足物质需求更重要的是满足孩子的情感需求!

后来,我在西西的催眠反应中,不仅看到了西西内心中有强烈的被遗弃感,而且看到了西西对于家庭关系的恐惧感。对于前者,从父母所述说的对孩子缺少陪伴中我是能找到"被遗弃感"的来源的,而对于家庭关系的恐惧感又是来自哪里呢?

在做完了第一个疗程的调节,帮助西西打开了"被遗弃感"的心结后,西西虽然上课不再哭泣了,但还是会时常处于焦虑和不安当中。于是,第二个疗程的主要调节目标就是对于家庭关系的恐惧感的调节。

● 为什么童年遭受的忽视越多,成年后患抑郁症的可能性就越大?

随着第二个疗程的进行,我终于知道了西西恐惧感的来源。西西说:"婷婷老师,我爸爸妈妈一出差就是好几个星期,我经常会特别想他们。但是他们太忙了,总没有时间给我打电话,我就主动给他们打电话。

"给我爸爸打电话还好,可是我一打电话给妈妈说我想她时,我奶奶就会在旁边很生气地说'这个没良心的!想你妈妈就别住我们家了,跟你妈走！'因为我不想让奶奶生气，也不想让妈妈生我奶奶的气，更不想让爸爸生妈妈的气，所以我就不敢主动给妈妈打电话。但是，我真的很想妈妈呀！晚上，我经常独自一人躺在床上，抱着妈妈给我买的玩具小熊哭，哭着哭着我就睡着了。

"婷婷老师，我既想让妈妈爸爸回来陪我，但又很怕他们回来。因为爸爸、妈妈和奶奶一碰面就吵架。我真的害怕，特别特别害怕！"

听了这些，我特别心疼眼前这个小姑娘，她每天都在经历着什么，又在担心着什么呀！而与之形成强烈对比的，是在父母之前的所有描述中都不曾有一点点涉及奶奶与夫妻俩关系的介绍。这说明什么？

这说明在这对夫妻的概念中，奶奶和他们之间的关系只是"大人之间的事情"，与孩子一点关系都没有，自然也不会对孩子造成任何影响，所以也没必要在解决孩子心理问题的场合提及这些事情。如果不是西西来做了心理咨询，恐怕家长永远都意识不到他们所忽略的"小事情"，正是压在西西心里让她痛苦不堪的大石头！

在《原生家庭生存指南：如何摆脱非正常家庭环境的影响》这本书中说：照顾者对孩子的情感需求越不敏感，孩子就越有可能缺乏安全感。在童年时遭受的不良对待和忽视越多，成年后患抑郁症的可能性就越大。

研究人员从大众中选择了800名女性进行调查，结果表明：

→在童年时遭受过严重身体虐待、体罚等的女性中，有41%的人在过去一年间患过抑郁症；

→在童年时遭受忽视的女性中，有33%的人患过抑郁症；

→在童年没有遭受过虐待的女性中，只有8%的人患过抑郁症。

在追踪研究中，研究人员直接观察孩子与父母在一起时的情况，并在孩子长大成人后再次进行心理评估。结果也表明，早期的父母抚育很重要。研究表明：与生活在和谐家庭中的孩子相比，童年不幸的孩子（生活在不和谐的家庭中，母亲自顾不暇）在33岁时患抑郁症的可能性要高出4倍。另一项研究也表明：如果父母对孩子冷漠、对孩子控制过多，孩子成年后更容易出现严重的自我批评。

做家长的是很忙很累，而且有很多的迫不得已。但再忙再累，也需要把关心孩子的情感需求放在物质需求之上。孩子少了一件棉衣，身上会冷，但如果孩子少了父母的"看见"，他的心里会更冷！心冷了，世界就是灰白惨淡的，而不是五彩斑斓的！

● 青少年抑郁症的特点

我们都知道，近年来抑郁症开始呈现低龄化趋势。青少年抑郁症患者数量在逐年上升。

青少年抑郁症主要表现为以下四个特点：

→ 情绪低落，注意力、学习效率显著降低；

→ 情绪不稳、易激惹或情绪失控；

→ 自我评价过低、自责；

→ 出现想死的念头或有自杀、自伤的行为。

《中学生自杀现象调查分析报告》显示：中学生每5个人中就有1个人曾经考虑过自杀。北京某重点高校曾进行过的一项调查显示：该校有3%的新生厌恶学习，4.4%的新生认为活着没有意义。

● 被误解的造成青少年抑郁的家庭环境

毋庸置疑，家庭环境对青少年抑郁症的产生起着决定性的作用。而在众多的家庭环境的因素中，以下两个通常被大家认为是"罪魁祸首"：

→单亲、离异家庭的家庭氛围；

→亲子关系恶劣、淡漠。

实际上，这个普遍认知是错误的！

一项对于13～19岁青少年抑郁症患者的研究表明：在众多家庭环境的因素中，如下三个因素是造成青少年抑郁的主要因素：

→家庭成员之间的情感表达和亲密度；

→家庭成员之间的矛盾性；

→家长的拒绝、否认的教养方式。

在我做过的大量学生抑郁症患者的心理咨询和催眠调节案例中，通常也发现孩子背后的家庭模式是符合如上三点的。

比如，我做过的另一个情绪低落、自卑、厌学的孩子。在给她调节情绪的过程中，我发现：

→孩子的爸爸妈妈都是一板一眼、不善表达感情、不喜肢体接触的（即家庭成员间情感表达和亲密度较低）；

→在如何教育孩子的问题上，家长之间、家长和老人之间，经常发生分歧和争吵（即家庭成员之间的矛盾较多）；

→家长对孩子的行为和想法，经常以"你这样做不对、你的计划不合理、你的想法不行"为口头禅（即家长的拒绝、否认的教养方式较为严重）。

这个孩子曾经是一个热爱学习、积极阳光的孩子，不仅学习成绩名列前茅，还被同学们推选为班干部。

连妈妈爸爸都回忆不起来，孩子怎么就变得情绪低落、自卑，以至于最后不肯去上学了。而家长能回忆起来的是：孩子确实在看书的时候开始走神、谈论起朋友的次数变少、口头禅"我不行"说得越来越多、发脾气和无端哭泣的时候越来越多……

当时，家长只是觉得孩子和以前不一样了，但都以为是学习压力变大、孩子年龄增长的原因，却没有意识到这些其实是孩子的抑郁情绪在积累，是孩子的内心在求救。

后来，孩子死活不肯去学校，家长一开始还以为是孩子在耍脾气、闹情绪，仍在不停地劝说孩子，给孩子施压。直到孩子自己要求"你们给我找个心理医生"，家长才意识到孩子不是矫情而是病了。这才找到了我，给孩子做专业的心理咨询和催眠调节……

青少年抑郁症，现实中很多父母都是后知后觉的，以至于会纵容病情发展到厌学、自伤，甚至自杀这样严重的程度。殊不知，早发现早治疗才是对孩子最有帮助的。

如果家庭成员之间情感表达和亲密度较低，矛盾较多，家长经常使用拒绝和否认的教养方式，那么，是时候改一改了，因为这3个因素极易引起青少年抑郁症。

如果发现孩子"变得和以前不一样"了，情绪低落、兴趣减退、愉悦感缺乏或是沉醉在游戏当中等，请引起重视。如果持续两周以上，最好寻求心理咨询师的专业帮助。

对于孩子来讲，抑郁的日子，就像一场梦，一觉醒来，感觉和世界脱轨了。让我们一起来呵护孩子、帮助孩子，把他们的人生拉回到原本绚烂多彩的轨道上来！

● 抑郁这件事，会遗传吗？

这一天，有一个爸爸带着儿子来找我。他觉得儿子的心理有问题，因为他不喜欢上学，也不喜欢和同学玩，整天情绪低落。

"婷婷老师，你帮忙看看，我怕他抑郁了！"

在给孩子做了几次心理咨询之后，我问他的爸爸："您能和我说一下，孩子妈妈的情绪状态吗？"

爸爸听我这样一问，叹了口气说："孩子妈妈的情绪不太好。之前去过医院，确诊了抑郁症。因为情绪不好，家里又有孩子，所以干脆就没再上班，在家照顾孩子。而且，不让她上班，也是不想让孩子妈妈有太大的压力，再影响她的情绪状态。"

抑郁症会不会遗传？生物基因上面的理论，我们听医学专家们的论述。这篇文章，我从心理学的角度，来谈谈抑郁症是如何"遗传"给下一代的！

"看待事物"的方式

抑郁的家长，在看待事物、解释世界的时候，会把关注点放在消极的方面，而不会积极寻找有营养、有温度的因素。

当孩子看到家长在谈论别人的时候，总是说别人的不足；在谈论事物的时候，总是说事物的缺点。久而久之，在孩子的眼中，整个世界都是灰色的，都是有缺陷的，因为他看不到任何快乐的、鲜活的色彩。

应对"挫折"的反应机制

抑郁的家长在面对挫折的时候，不会接纳失败的结果、不会思考解决方案、不会积极寻找外力的支持，他们只会以哭泣和自怨自艾来应对。

当孩子看到家长在遭遇失败的时候，是以毫不作为和怨天尤人来应对时，孩子自然学习不到积极面对的有效解决问题的方式。久而久之，孩子对于任何的失败、否定和批评，都会以哭泣和悲伤来应对。

对待"沟通"的积极性

抑郁的家长，是不喜欢社交的，更不要说热情、积极地去结识新的朋友了。他们觉得和别人交往是一件很累心的事情，只喜欢闷在自己的小世界里。甚至在和孩子在一起的时候，他们的话也不多。

当孩子看到家长对于别人的邀请是拒绝的，对于熟人的攀谈是回避的，那么，孩子会解释为所有与人沟通的过程都是没必要的、不安全的、应该避免的。久而久之，孩子便不再喜欢交朋友，回避交朋友。结果，孩子就变得越来越孤独，越来越孤僻。

对于"自己的能力"的估计

抑郁的家长，都有习得性无助。他们觉得自己的能力不行，无力改变任何事情、管不好孩子、做不好饭菜、收拾不好屋子、照顾不好老公……

当孩子看到家长一天到晚都是自轻自贱，不断地怀疑自己的能力、怀疑自己的价值、怀疑自己是否有存在的必要时，孩子学习到的便是怀疑和否定自己的能力。久而久之，不要说孩子能够自尊、自强了，连对人生至关重要的自信都不会有。

对于"未来"的预测

抑郁的家长，觉得每个今天都很难受，对每个明天都没有什么期待。在他们的感受当中，日子不是每天凑合着过的，而是每天煎熬着过的。

当孩子看到家长每次谈到以后和未来时，都是唉声叹气、心灰意冷时，孩子感受到的是未来是不值得期盼的，人生是没有意思的，生存是苦恼的代名词。所以，孩子便不再天真和快乐。

其实，家长的"抑郁"除了会给孩子造成上述影响外，还会让孩子变得敏感、多疑、过度委屈自己、安全感缺乏、情绪波动很大……而且这些潜移默化的影响，是因为一天一天的耳濡目染，根植到孩子的内心和潜意识里面去的。

同时，当家长发现明明已经对自己的状态极度不满意了，但是眼看着孩子一天天变成了自己的样子，家长会更加痛苦、抑郁。而当家长的抑郁加重的时候，孩子会受到更严重的影响，抑郁症也会同样加重。于是，在家长和孩子之间，形成了一个闭环的抑郁负反馈……

● 婷婷的心理会客厅 抑郁症的遗传基因

遗传是指亲代的特征在后代表现出来的一种现象。具体来说，是指双亲的各种特征在后代中一代又一代地传递，使人类一代代地复制着与自己特征相似的后代。抑郁症的遗传因素问题很早就引起了人们的关注，认为抑郁症的发生与遗传因素有较密切的关系，但抑郁症不属于遗传性疾病。有关抑郁症遗传性的对比研究如下：

→血缘关系：抑郁症存在家族聚集现象，血缘关系越近，抑郁症患病概率就会越高。抑郁症患者的亲属中患抑郁症的概率远远高于一般人。

→孪生子：根据1928~1977年10位学者的报告显示，在232对同卵双生子中有155对同患抑郁症，同病一致率为66.8%；在435对异卵双生子中有68对同患抑郁症，同病一致率为15.6%。可见，同卵双生子的同病率明显高于异卵双生子。

→寄养子：将孪生子在出生后分养在不同的环境中进行观察称为寄养子研究。为了区分开遗传因素和后天环境对抑郁症的影响，研究者统计了抑郁症父母的孩子被正常父母领养的情况。1968年，普瑞斯对同卵双生子在出生后被分开或不被分开抚养的抑郁症同病一致率进行了观察研究，结果发现分开抚养的抑郁症同病率为65%，而不分开抚养的同病率为68%，环境因素作用为3%。

结论：通过以上数据，证实遗传因素在抑郁症的发病中起着重要作用，当然环境因素也起了一些作用。

● 当孩子大人都抑郁的时候，应该先调节孩子还是大人？

出现了这种情况该怎么办呢？是先调节孩子，还是先调节大人呢？

最好的情况是能够同时调节孩子和大人。原因显而易见：如果只调节孩子，一周7天时间，孩子只在我这里做1小时的调节，而在家的所有其他时间里，即总共24×6+23×1=167个小时，都要在抑郁家长的影响下生活。"1小时的积极调节 VS 167小时的消极感染"，你可以想见得到的效果！

那要是大人不肯来接受调节，怎么办？如果大人不肯来，只有孩子肯来，那就先给孩子做调节。

为什么会发生大人不肯来，但愿意送孩子来调节的情况？这里存在两种可能性：

→ 一种是大人觉得"我已经很努力了"。我没问题，都是孩子的问题。所以，他们肯送孩子来解决问题，却不觉得自己需要解决问题。

→ 另一种是大人觉得"我的问题我知道，我会注意的。但孩子的问题，他自己不知道也不会注意"。所以，他们会把孩子送到专业人士那里来调节，而自己的问题自己回家注意就好了。

不论是哪种原因，你永远叫不醒一个装睡的人。如果孩子肯来，就先给孩子做调节，帮助孩子去抚平伤口、变得更加独立和强大。有人可能会问："婷婷老师，你刚给算过了'1小时 VS 167小时'的数学题，单单孩子来调节能有效果吗？多长时间能出效果？"

● **孩子做心理调节而大人不做，能有效果吗？**

"单给孩子做心理调节多长时间会有效果"的答案很像一个经典的小学数学题：有一个蓄水池，池子里有一个进水管和一个出水管，问多长时间能把这个池子的水蓄满。

只不过在我们这个场景下，孩子的心田是那个蓄水池，这个蓄水池本应该盛满了孩子对生命的向往、对成长的动力。那些本身需要调节却不肯接受调节的家长就是那根出水管，家长无意间表现出的消极想法和状态会消耗掉孩子的热情和动力，也就是让蓄水池里面的水流失掉；而心理咨询和催眠调节就是那根进水管，帮助孩子看到更多的阳光和乐趣，也就是往蓄水池里面注入更多的水。

当进水管和出水管同时工作的时候，蓄水池里的水到底能否蓄满、需要多久才能蓄满，取决于进水管和出水管的效率对比。

当然，孩子和数学题里的蓄水池相比，还有一点关键的区别就是：主观能动性。数学题里的蓄水池是没有选择的能力、没有主观能动性的，所以蓄水池被出水管耗费多少水，完全是由出水管决定的。但来做心理调节的孩子是有选择权的，所以当心理咨询帮助孩子的内心变得越来越强大时，虽然孩子无法完全避免家长对自己的消极影响，但是他们可以选择对自己的最大影响有多少。

● 婷婷的心理会客厅　**人的主观能动性**

主观能动性，也被称为"自觉能动性"。它指人的主观意识和实践活动对于客观世界的能动作用。主观能动性有两个方面的含义：一是人们能主动地认识客观世界；二是在认识的指导下能主动地改造客观世界。在实践的基础上让二者统一起来，即表现出人区别于物的主观能动性。

人能够能动地认识世界，即人的意识活动具有主动创造性和自觉选择性。意识对客观世界的反应是主动的、有选择的，并不是客观世界有什么就反应什么。

人能够能动地改造世界，即意识对人体生理活动具有调节和控制作用。意识活动依赖于人体的生理过程，又对生理过程有着能动的反作用。高昂的精神，可以催人向上，使人奋进；萎靡的精神，则会使人悲观、消沉，丧失斗志。

● 大人做心理调节而孩子不做，能有效果吗？

如果是孩子不肯来调节，而大人肯来调节呢？这种情况我在很多青少年厌学的案例当中都碰到过。孩子因为经历了很长时间的抑郁或者躁郁，最后才放弃努力、放弃自己，选择休学在家，甚至一休学就是四五年时间。因为他们已经放弃自己太久了，所以他们拒绝进行咨询，拒绝一切会燃起他们希望的行为。因为希望的再一次落空是他们那颗本已脆弱的心灵所无法承受的。

在这种情况下，大人接受调节，反而是更有效、更快速的方法，并且能够达到"曲线救国"的效果。为什么呢？因为就像家长的抑郁会"遗传"给孩子一样，家长的"积极改变"也会影响到孩子。当家长快乐了、阳光了，孩子自然也会就开始向着自信阳光的方向转变。

文章开头提到的那位爸爸最终说服了孩子的妈妈，来找我做催眠调节抑郁。其实，这位妈妈一开始是拒绝的，因为她觉得催眠调节的费用有些贵。但是，孩子的爸爸的一番话最终让这位妈妈下定了决心。

这位爸爸是这样说的："催眠调节的费用，是贵还是便宜，要看和什么比了。和去医院看感冒发烧的治疗费用比较，确实是贵。但你想想，孩子一年的辅导班要花多少钱，但如果孩子情绪状态和性格有缺陷，上多少辅导班都是白花钱。倒不如把你的状态调节好了，给孩子更好的家庭影响，让孩子成长为一个心理健康、情绪稳定的人。和孩子一生的生活质量相比，这实在是太便宜了！"

为什么有的孩子容易愤怒焦虑、反应过激？

前几天，一个妈妈着急地来预约"亲子咨询"，说开学这一个多月，她已经被老师约谈过很多次了，每次都是因为孩子Alex的行为问题。

老师每次都愤愤不平地对这位妈妈说："Alex平时挺懂礼貌的，但就是太……这么跟您说吧，要么就是他想和同学玩儿，却总也参与不进去，于是就破坏规则，导致同学讨厌他；要么就是有人欺负他，他打不过，但他下次还是会继续往上凑，结果人家最后不欺负别人就总打他。"

这位妈妈对我说："婷婷老师，其实我明白老师的意思，她是想说'Alex平时挺懂礼貌的，但就是太欠了'！只是，老师不好意思直说罢了。但我在家一直教育他要懂礼貌、友善地对待小朋友，而且老师也说了他挺懂礼貌的。为什么他还会去捣乱呢？"

● 一个总有过激行为的孩子，他的大脑和心里到底发生着什么？

当很多家长在面对孩子出现这样看似矛盾的行为问题后，大多都会觉得是孩子的社交能力出现了问题，于是一门心思地引导孩子提高与同学交往以及有效规避危险的能力，但这样做大多收效甚微。

因为家长们并不知道，当孩子既懂礼貌、在意别人对自己的评价，但又或主动、或被动地去攻击挑衅别人时，其发生原因不在他的身上，而在于他所生活的家庭环境中。

这种类型的孩子，背后都有一个气氛紧张的家庭！

从生理心理学的角度讲，如果在6岁之前生活在气氛紧张的家庭环境中，我们的大脑里就会像被放置一个失灵的调控器，使我们的皮质醇水平异常。皮质醇是一种生理激素，它的分泌就是为了应对来自环境的威胁或其他行动要求。它是一种压力激素。你的压力、暴躁和不开心，都源于升高的皮质醇。

● 婷婷的心理会客厅　皮质醇与压力

皮质醇是一种压力激素。你的压力、暴躁和不开心，都源于升高的皮质醇。皮质醇是肾上腺皮质分泌的激素。

皮质醇每天都在工作，遵循生理节律，一个周期为24小时，在两个时间段会升至高峰：一是起床时会迅速升高，30分钟后会逐渐降低；二是高强度训练后程和结束后。

平时，我们的身体是可以调节皮质醇水平的。但是，当我们处于惊吓、压力、熬夜、不当饮食、精神紧张的状况下时，皮质醇水平就会升高。

皮质醇，最主要的职责其实是促进葡萄糖的生成，让大脑以及肌肉有足够的能量去应对突发情况。

在短期压力下，皮质醇的作用是好的；但在长期压力下，皮质醇的作用就不那么乐观了。

当皮质醇水平升高时，它的释放会刺激食欲。当然短期内高负荷、高压力下的食欲的增加，对于维持身体能量储存是有好处的，它能让身体更有能力去应对工作。所以，一般高压力下，很多人都喜欢吃美食，甚至达到了暴饮暴食的状态。如果长期处于高压之下，体内释放的皮质醇会让我们很想吃东西，让身体出现了恶性循环。

皮质醇水平升高时，会抑制你的免疫系统。当身体侦测到体内有细菌、病毒、癌细胞等，免疫系统就会出击，进而引起身体炎症，让身体出现症状。但是，当免疫系统被皮质醇压抑，身体就不会出现症状，以至于很多疾病在早期时病情没有被展现出来，当发现的时候为时已晚。

皮质醇水平维持在一个较高的状态时会造成健忘、恍惚、难以集中，而持续性的高压会导致认知功能受损、脑损伤。这些损伤往往会被人们忽视，因为脑功能受损的症状，并不如疼痛、消瘦、肥胖这么明显。例如：只是想不起来自己准备干什么、钥匙放哪儿了……然而，脑功能受损，最可怕的后果却比常见的心脏病、糖尿病还要吓人，那就是一个人最终会不知道自己是谁，也就是会患上阿尔茨海默病！

在正常的人体内，皮质醇水平会随着周围环境的变化而变化。比如：

→当一个人处于舒适安静的环境内或处于和谐友爱的关系中时，他的皮质醇水平会处于正常合理的水平内，人是安心惬意的；

→而当他面对突然的压力或危险时，皮质醇水平会一下子升高，人处于应激状态，情绪高亢冲动、行为迅猛过激，即处于人体本能的"战斗或逃跑"中的战斗状态；

→当他极其疲惫时，皮质醇水平过低，人处于不佳状态，情绪低落沮丧、行为迟钝拖延，即处于人体本能的"战斗或逃跑"中的逃跑状态。

● 在规范过激行为时，为什么忽视、斥责和威胁都不太好用？

如果一个人在童年时，受到了持续的威胁，生活在气氛紧张的家庭中，被家长虐待、体罚、辱骂、斥责或忽视，那么，他的大脑中对皮质醇水平的调控就会出现异常。这个人的应激系统要么持续性关闭（皮质醇水平过低),要么一直处于警戒状态(皮质醇水平过高)。

也就是说,这个人体内的皮质醇水平可能总是很低。因为他对会引起"战斗或逃跑"反应的外界刺激已经麻木,也就是说,这些刺激已经不能使他体内的皮质醇水平上升了。比如,他会显得有些冷血、不懂得自我保护、时常抑郁。

或者,这个人体内的皮质醇水平可能一直会很高,随时准备对危险做出迅速反应。比如,他会经常反应过激,和别人发生口角或打架,易怒且易焦虑。就像文章最一开始说到的Alex,对于别人的拒绝或者迟疑,就会有夸张的反应,永远是手比脑子快,动手之后自己都不知道到底发生了什么。

在后一种情况下,如果家长不明就里地不断和孩子强调社交规则,反而会进一步增加孩子的焦虑值,造成皮质醇的进一步失衡,结果就会使孩子的行为变得更极端、情绪也更容易冲动。这也是为什么家长、老师和Alex周围的朋友们三番四次地试图帮助他学习情绪管理、练习表达自己愤怒、喜爱、委屈等不同情绪的不同行为都无济于事。因为Alex一直都很清楚自己该怎么做,但是他在皮质醇升高的那一刹那就把所有东西都忘掉了。正因为Alex知道该怎么做,也知道在某些场合自己几乎无法控制自己的行为,所以他对于某些场合和时刻的到来会显得更加焦虑。而这在无形之中又提高了他的皮质醇水平,造成了他行为的更加不受控和对自己更加失望。

在给Alex做心理咨询和催眠调节的过程中,他重复频率最高的一个词就是"害怕"。他说害怕被老师说、害怕被同学嘲笑、害怕被家长唠叨、害怕学不会、害怕考不好、害怕做不对……当一个孩子一天到晚都在担惊受怕,不知道外界会否定他什么、会攻击他哪方面时,他能做的就是全副武装、随时准备投入战斗。

对于Alex的调节,我除了给他做催眠,缓解他内心的焦虑抑郁外,我还在疗程的后期教他一些自我催眠的方法,并且他还收藏了我微信视频号上面的一些催眠减压音频。

● 为什么除了做催眠调节外，还要进一步学习自我催眠？

我给他做催眠调节的作用，是把他整体的焦虑抑郁水平降低。毕竟，他的生活要他自己去过，而生活中所有的坎坷挫折要他自己去扛。在他面对这些挑战和不顺的时候，他的皮质醇水平势必会发生相应的变化。

而对于曾经有过皮质醇居高不下或者长期低迷的人来说，皮质醇的再一次变化，很容易让他重蹈覆辙。就像曾经对花粉过敏的人，很容易对花粉再次过敏一样。

所以，我教Alex自我催眠，就是为了让他能真正做自己情绪的主人。在皮质醇再次触碰到警戒线之前，让他能用有效的方法降低皮质醇来自救。

慢慢地，Alex便不再会担心意外事情的到来，也不再焦虑于自己会有不恰当的行为。因为无论怎样，他都有能够应对情绪波动的方法。当他有了能够应对任何突发状况的信心之后，就能真的做到精神放松，情绪愉快。

随着Alex的状态越来越稳定，越来越朝着心理调节目标的既定方向在前进时，他的爸爸妈妈也能逐渐放下那颗"哀其不幸，怒其不争"的心，来思考自己给Alex带来的影响了。于是，我趁热打铁地给家长做了家庭咨询，并且留了两道思考题给Alex的父母：

→当家长试图教孩子正确的行为方式时，家长教孩子所采取的行为方式是正确的吗？

→家长给孩子提供一个和谐的家庭环境，来让他感受到温暖和有爱了吗？

如果我们把家搞得像战场一样紧张和纷争四起，那么孩子一定会草木皆兵地预判周围发生的一切。一个战战兢兢、如履薄冰的孩子，是无法体会到世界的美好和他人的善意的。

为了孩子的健康成长，请给孩子提供一个和谐、温暖、有爱的家庭环境吧！

为什么物质条件越来越好，孩子们却变得越来越脆弱？

有一次，我在给某重点学校的学生们做讲座的时候，被问到这么一个问题："婷婷老师，现如今，总能听到一种声音说，现在的物质条件越来越好，而孩子们却变得越来越脆弱。对于这个说法，您怎么看？"

以前，我们没有电脑和丰富的娱乐，但跳皮筋、披窗帘玩过家家就很开心；现在，孩子天天对着手机，刷抖音玩游戏，却总觉得无聊空虚。

以前，我们自己一个人上下学，跟小伙伴一起风吹日晒也没事儿；现在，孩子都是车接车送，甚至一定要等到车开到门口了再下去，却总是大小病不断。

以前，即使成绩不好调皮捣蛋，也很少遇到有人厌学；现在，焦虑、抑郁、厌学的孩子越来越低龄化。

经常听到有人说，现在的孩子太脆弱了，像温室花朵一样经不起事儿。明明和过去相比，物质条件越来越好了，为什么孩子却更容易出各种问题呢？

● **物质生活的舒适和便利，是在帮助我们提升心理耐受力吗？**

的确，物质生活变得更加舒适和便利了，但也让我们更倾向于通过外在物品来获得内心的平静。对于外物的依赖，降低了我们在心理层面上对于生活磨难的抵抗力。准确地说就是，物质享受影响了我们适应环境和面对困难的能力。生活越舒适，人就越没耐心应对困难。

比如，私家车多了，人们的出行更便利了，不再需要风里雨里等公交、倒汽车了。但因为人们习惯于两点间快速直达目的地，堵车或者排队都让人感觉难以忍受，即人们的耐心和忍耐力随着出行舒适度的提高反而降低了。

比如信息传递的方便，微信的理念更是强调即时联系。于是，我们不再每天去查收发室，默默等待和期盼一封信寄出去后的回复。我们也不需要订一份杂志，等待一周甚至一个月的时间。因为我们太习惯于想要的信息随时就能查收，下单的快递明日即达，广告可以会员一键取消，于是越来越难忍受延迟满足的等待。

比如随着空调越来越普及，对于空调带来的舒适环境的依赖，已经慢慢侵蚀到我们内心，使得我们逐渐难以忍受燥热或湿冷，同时也丧失了应对和调整因不舒适的温度引起的不满、注意力匮乏、愤怒等不良心理状态的调节能力。

我们的父辈应对噪音、灰尘、日晒、雨淋等环境，以及这些环境带来的消极情绪完全不在话下，而现在却是一代不如一代了。"用进废退"适用于生物进化，也适用于心理退化。

● 如何才能防止心理退化，让自己不断成长和成熟呢？

▎首先，要学会吃苦

像《真希望我的父母读过这本书》中写道：母亲舍不得我吃苦，使我从小不懂得吃苦；我不懂得吃苦，反使我吃了一辈子的苦。

这并不是说每个孩子都应该拒绝家长给创造的良好环境，而是要审视自己是不是已经把享受到良好的环境作为理所当然和本该如此。比如，真的要每次出门都打车而不坐公交车吗？要每次出游都带上零食，以防备路上饿吗？……

> **同时，要让家里的长辈理解，要舍得让自己吃苦**

这个苦是生活中的"自然苦"，而不是考试、比赛失利的"功利苦"，更不是父母严厉批评、严苛要求的"人为苦"。只有在每天的生活中，自然地面对环境、物质、生活带来的苦，才会逐渐提高自己对于忍耐、等待、焦虑等的耐受性。这些耐受性提高之后的综合表现，就是别人嘴里的所谓的"逆商"！

成年人不需要人为给孩子创造困境，因为生活本身就充满挑战。只不过很多时候，家长早早地替孩子把所有障碍都扫平了，以至于孩子没有机会去练习，一步步进阶，"打怪升级"。所以，不要让大人们创造的物质享受，影响了每一个孩子适应环境和面对困难的能力。让每一个孩子都有机会从生活小事开始，去尝试等待延迟、适应冷暖、接受生活本身的缺憾和考验。这样孩子才有能力对自己负责，最终长成能面对风雨的人。

● 广泛引起成年人焦虑的海量信息，会对孩子造成影响吗？

除了现在的孩子越来越少有机会去面对自然的困难、锻炼日常的心理韧性，还有一个很重要的原因就是现在的孩子接触到的信息和过去的孩子相比，在数量上要多得多，内容上要复杂得多！

当孩子的大脑处理不了接触到的海量信息时，他就会出现"黑屏"和"宕机"，也就是焦虑和抑郁。

中国疾病预防控制中心援引了多年的普查数据，指出中国自2010～2021年，5～14岁儿童的自杀率每年上升近10%，15～24岁青少年的自杀率更是年均增长了约20%。报告认为，激烈的学业竞争是导致儿童和青少年面临严重精神障碍和自杀风险的主要原因。

根据《2022年国民抑郁症蓝皮书》的数据，目前我国患抑郁症人数达9 500万人，18岁以下的抑郁症患者占总人数的30%，超2 800万人。50%的抑郁症患者为在校学生，抑郁症发病呈年轻化趋势，青少年抑郁症患病率为15%～20%，其中41%因抑郁症辍学！而这组数字还在快速上升，这一趋势实在令人担忧。

中国科学院心理研究所2023年2月发布的心理健康报告也指出，中国青年是抑郁症高风险群体，18～24岁年龄段的抑郁症患病率高达24.1%，25～34岁年龄段的患病率也达到12.3%。

据北医儿童发展中心所发布的《中国儿童自杀报告》中显示：我国每年约有10万名青少年死于自杀，平均每分钟就有2个孩子死于自杀，8个孩子自杀未遂。

当今的孩子们，都已经如此玻璃心了吗？这个最应该朝气蓬勃的群体中，抑郁和焦虑的情况已经这么严重了吗？

把数据放在一边，来说说我自己最直观的感受：这些年，我所调节过的客户的年龄段，是有很明显的变化的。这个变化的趋势，总结起来就是："心理疾病"正在低龄化和普遍化！

若干年前，来我这里做心理咨询的最小客户是大学生。后来，我的咨询室里出现了越来越多的中学生，他们的问题大多集中于考前压力调节和厌学情绪调节。

越来越多的家长和老师也感受到了孩子们的玻璃心。我在做讲座的时候，经常被问到的一个问题就是："现在的孩子们心理越来越脆弱，是不是因为现在的这帮家长们做得越来越差了？"

的确，现在孩子和之前的孩子相比，心理越来越脆弱。但是造成这一变化的根本原因，并不是现在的家长不如过去的家长，而是信息超载！

大家肯定会问，在这个信息化的时代，孩子有更多的渠道和资源去接触新知识、拓宽新视野，难道不是一件好事情吗？这个怎么会和心理脆弱，甚至焦虑抑郁有关系呢？

让我们暂且把孩子的大脑想象成一台电脑，把孩子们接触到的信息想象成电脑每天要处理的信息。然后，我来讲解一下，海量信息是如何造成孩子的焦虑抑郁的……

我们都知道，婴儿出生的时候，大脑并没有发育完全。而且，根据欧洲的一项最新的大脑生理研究表明：大脑内部生理器官的发育，是一个持续30

多年的缓慢过程。

如果把这个过程，类比成手机的更新换代来说，就相当于要经过30多年的时间，手机的硬件才能一步一步升级为更高级的配置……

这个硬件升级的步骤和速度，过去和现在大体是一样的。那么，现在我们再来看一下，同样的手机硬件上面，过去和现在所处理的信息量的区别。

过去，在我还小的时候，我所能接触到的信息只是电视、广播、报纸和妈妈爸爸嘴里说出来的东西。而现在，有了网络之后，孩子们接触到的信息量和复杂度，是呈指数级增长的。

也就是说，过去孩子们接触到的信息相当于用iPhone 4聊聊天、照个相什么的。所以，手机跑起来完全没有问题，非常流畅。而现在，你偏要用一样的iPhone 4，去刷综艺、看小红书、打游戏。那iPhone 4的硬件是处理不了这样的信息负载的。

其实，我们都碰到过这种情况：当办公桌上的电脑处理不了它接触到的海量信息的时候，它就会黑屏和死机。同理可得，当孩子的大脑处理不了接触到的海量信息的时候，他也会"黑屏"和"死机"。而他的"黑屏"和"死机"，就是我们所说的焦虑和抑郁！

现在你明白了，我为什么说是海量信息造成孩子的心理"宕机"了吧！即使孩子喜欢了解新知识，但当孩子一边超负荷地大量输入，一边又没能力去转化和消解时，就已经造成了心理和大脑中的不稳定的易感环境；当孩子突然遇到家庭变动、升学考试、情感变化这些挑战的时候，他就会变得手足无措，甚至直接"宕机"了。

● **如何让孩子在接触海量信息的同时，又不会被信息淹没呢？**

处于一个高速发展的信息化时代，如何能够最大限度地让孩子接触到最新、最全面的知识，又不至于因为信息超载而造成"系统崩溃"呢？筛选书籍，分级阅读！

为什么要筛选书籍？

很多孩子之所以"系统崩溃"，是因为从网络和各种渠道接触到的很多信息和知识，是漏洞百出甚至是自相矛盾的。

这些经不起推敲的知识，耗费了孩子大脑中的大量"内存"，最终导致了"系统崩溃"。

所以，这时要请家长帮忙来"筛选适合孩子的书籍"给孩子看。这样，起码对于书籍当中的内容和逻辑，是有保证的。

为什么要分级阅读？

很多家长所引以为豪的是"我家孩子小小年纪，就喜欢看哲学类、人类学的书籍了"！

看起来，一个孩子读完《三体》，比读《火影忍者》要高大上多了！

但是，你知道有的孩子在读完《三体》后，他的解读方式和最终结论吗？

想象一下，孩子大脑中的逻辑思辨能力还处于初级阶段，在读完一部"宇宙社会学"的小说之后，他其实并没有体会到书中所表现的"星球被一遍遍地摧毁，又一遍遍地重塑"过程中的反省、碰撞和超越，而只是简单机械地理解为"人类活着还有什么大意思？反正总是要被毁灭！所以，我觉得活着挺没劲的！"这是我的一个小学生抑郁症来访者在看完《三体》后，和我说的原话。

对于孩子来说，一部不适合他这个年龄段的书籍摆在他面前，他确实能看懂字，甚至会对内容很感兴趣。但是，因为他大脑的一些思维器官还没有发育完全，所以他没有办法正确理解书籍的内涵，甚至可能会歪曲理解，造成三观的扭曲和崩塌……

"知识就是力量"这句话大家都知道，放在现在这个信息爆炸的时代，这句话需要被扩充为"适量的知识，是帮助人成长的力量；而不合适的知识，是摧毁心灵平衡的力量"。每一个孩子都需要学习知识，但需要的是把知识转换成智慧，并且用它来实现自己的抱负，实现自己的价值！

抑郁和焦虑存在的意义是什么？

既然抑郁症、焦虑症等精神疾病对本人、家庭和社会有那么多危害，为什么它们没有在漫长的进化过程中被淘汰呢？

想分析清楚这件事情，就需要先简要介绍一个人类发展理论：差别易感性假说。这个理论指出，这个世界上有两种类型的人，一种是"蒲公英型人"，另一种是"兰花型人"。

"蒲公英型人"的特点，说得好听一点是适应性强，说得难听一点是"没要求"。他们对环境要求不高，好养活，就像蒲公英一样，落在地缝里和街道边都可以扎根和生长。在顺境和逆境中都可以平稳地生活和做事，对周围的环境变化不敏感，不会出大岔子，但少有惊人的成就。

"兰花型人"的特点，说得好听一点是金贵，说得难听一点是"矫情"。他们只能在特定的环境中生长，对环境有着苛刻的要求，就像兰花一样，一定要生活在固定的湿度、温度和光照下，否则就会衰败。在不适宜的环境里，他们无法正常地生活和工作，会展现出最消极、最恶劣的行为和情绪。但是一旦到适宜的环境，兰花绽放的花朵，足以让蒲公英黯然失色。

也就是说，"蒲公英型人"对环境和压力的适应性、承受性和韧性更强，但可塑性、创造性和弹性不足；"兰花型人"有着极强的可塑性、创造性和弹性，但对环境和压力的适应性、承受性和韧性不足。

研究证明，你无法强迫一个"兰花型人"展现出韧性，因为可塑性和韧性本来就相悖。放大环境的影响是"兰花型人"的天性，而让兰花型的人展现出最具创造性的一面，你需要做的，是给予他们适宜的外部条件。

这个理论很好地解释了"既然抑郁症、焦虑症等精神类症状对本人、家庭和社会有那么多危害，为什么它们没有在漫长的进化过程中被淘汰"这一看似与人类"优胜劣汰"原理相违背的现象。

●婷婷的心理会客厅　"蒲公英-兰花理论"

"蒲公英-兰花理论"带给多动症和抑郁症儿童家庭一盏明灯。天使与魔鬼同源于突变基因5-HTTLPR，其不同点在于成长环境土壤的差异。即早期教育对于天才儿童非常重要，而这个早期教育具体来讲，就是指一个温馨的环境、一个情绪稳定的母亲和一个适合突变基因5-HTTLPR成长为天才的土壤。

一个孩子身上携带有基因突变因子，如果遇到一个共情能力好的母亲，这个孩子将会变得非常好；如果遇到一个暴力型的母亲，这个孩子将会成为一个有着严重心理疾病的人，他甚至会给社会带来灾难。

也就是说，兰花需要适宜的环境才能绽放出美丽的花朵。当那些携带这种基因突变的孩子拥有适宜的成长环境和良好的养育条件时，他们不仅不会患病，反而会比没有携带这种突变的人更优秀。

● 得了抑郁症，是不是意味着我的心理调节能力比别人差很多？

"蒲公英型"虽然创造力有限，但是稳定性极强。所以，它能给人类这个物种带来稳定性，是人类延续和繁衍的中坚力量。而"兰花型"虽然极不稳定，但是创造力极强。所以，在适宜的环境下，它能给人类这个物种带来突破，是人类发展的引领者。在艰难时刻，物种的延续需要韧性强，所以需要虽然弹性弱但稳定性强的"蒲公英型"；但在重大变革时期，则需要"兰花型"来推动进步。

当很多人意识到自己得了抑郁症、焦虑症、多动症、精神分裂症时，通常会觉得自己的心理生病了，就说明他们的承受压力和调节状态的能力比其他人差，所以总是有低人一等的感觉。殊不知，正因为他们的韧性差，所以才能够更灵活、更敏感和更具创造力和冒险精神。在环境合适的时候，做出成就的通常也是这些人。

● "兰花型人"如何有效调节压力和情绪，更少落入抑郁的境地呢？

在我的7天线上情绪管理训练营里面，提供了一套行之有效的"情绪流程图"的方法，而此方法也会在第三章中的"情绪管理"部分详细展开来叙述，此处不再赘述。

如果你现在正深受抑郁、焦虑、失眠等情绪的困扰而无法自拔，如果你觉得自己的生活已经支离破碎、一地鸡毛，如果你开始嫌弃自己、讨厌自己……记住，你需要的是找到适当的方法，让你周围的环境和你自己的状态达到适宜你发挥的程度。当情绪和状态变好的时候，你会像兰花一样绽放，你会成为人群中活得最精彩的那一个。

好好的，为什么抑郁的就是我？

情绪管理｜被别人激怒的背后有什么样的"情绪触发点"？

很多人都不喜欢自己生气发火的样子，所以想要发脾气的时候，大家的第一反应都是忍！忍到忍无可忍，才爆发……

然而，对于情绪管理最大的一个误区就是：我们一直在试图用意志力让自己不发脾气。结果却是，控制情绪屡屡失败，不是因为你不想改变，也不是因为你能力不够，而是我们高估了自己的意志力。

意志力就像一个蓄水池，在一定程度、一定时间的容量是有限的，通常我们只是在不停地放水，却没能对它进行一定的补充。在生活中，没有人会觉得"饿了，我要吃东西"是一件难为情的事情，但有很多人会觉得"控制不住了，我需要缓一下"是很怂的一句话！难不成身体的能量是需要不断补充的，而心理和情绪能量却是取之不尽、用之不竭的吗？

在忙碌了一天之后，精力、体力包括意志力都已经告急。在面对朋友、家人时，就不要再考验自己岌岌可危的意志力了。

那怎么办呢？在你和周围人互动的过程中，还有一个常常被忽略的因素：环境！

● **为什么不要试图总是用意志力去控制情绪？**

如果可以用环境，就不要用你的意志力去控制情绪。

083

在发脾气的三个阶段，都可以运用"环境"这个利器，让他成为你情绪的稳定器。

发脾气之前

虽然我们总说"无名火"，觉得自己经常是无端地发脾气。但其实，发脾气或者控制不住情绪，往往是有触发因子的。比如，有的人睡不好觉就容易脾气差，有的人饿肚子就会没有耐心，有的人生理期前就是会不开心，有的人身体难受时会说话都带刺……

所以，如果困了就赶紧眯一下，饿了就赶紧吃一口东西，快生理期了就和家人宣布"我快生理期了，危险动物请勿靠近"……找到这些容易引起你发脾气的客观因素和环境，在发脾气前，积极避免或广而告之。改善了环境，就能让你的情绪好一大半。

比如，我闺女练琴的时候我基本都在旁边陪着。如果我虽然人在陪着她，但是手头却在忙着工作上面的事情，她的音准反复练不好的时候，她的耐心很快就会被消耗殆尽，变得非常急躁或沮丧，甚至会哭起来。

一开始，我以为是练习方法的问题或是白天耗费了太多体力，所以晚上一直站着拉琴感觉很累才没有那么多的耐心。当我从这些方面去帮助她和引导她时，她的情绪并没有被安抚下来，反而变本加厉，最终导致我的情绪也被带坏了。

但后来我用情绪管理工具"三个为什么"来和她一起分析她的情绪变化过程的时候，发现她的"情绪触发点"竟然是我的不专心！因为我在陪她的时候忙工作，没有专注地听她拉琴，所以她容易在练琴的时候也不专注。但当她发现因为自己的走神，音准总练不好，耽误了一些时间的时候，她又会着急，甚至责备自己，于是她的耐心就变得越来越差。

当发现原来是我一边工作一边陪闺女所营造的这种练琴环境造成了她的不耐烦时，这个情绪问题就很好解决了。后来，我只要陪闺女练琴，就会把手机放到客厅，一心一意地陪她练琴，创造让我们两个都能专注的练琴环境。结果，她的练琴情绪的平稳度和耐心持续的时间，竟然比之前多了一倍左右!

发脾气的时候

当然，是人就会情绪失控，就会管不住自己。我们也不是要求大家成为不发脾气的"圣人"，但是我们可以减少在你发脾气时候产生的冲突。

所以，当你发现自己快要爆发的时候，可以用"时间"和"空间"的外力环境来控制情绪。比如，你可以跟朋友说，"我现在很生气，需要冷静10分钟"；或者让自己走出那个让你感到沮丧、生气的环境，买杯奶茶、打场球、看个电影……

发脾气时，让自己的注意力从生气这件事情上转移，用能让自己愉悦，至少是冷静下来的环境、时间和空间来安抚自己。

发脾气之后

在发脾气之后，很多人忍不住都会后悔、内疚，担心对朋友和家人造成伤害，或者也想跟对方好好聊一聊这件事情。

和对方沟通可以，但时机要选好。一定不要在对方刷剧、玩游戏等时候，你见缝插针地说一下。对方在忙的时候，不可能全心全意听你说话，而你会觉得"我在和你说正事，你怎么就不好好听啊"，最后让自己生气不已。

这时候，你同样可以运用环境的力量。比如在发脾气后，专门抽一个专注的时间和安静的环境，或坐到咖啡馆里，或在你们的家庭会议上，认真地进行一次复盘和谈话。这样的仪式感会暗示大家重视这件事情。

所以，在可以用环境的时候，积极先用环境；在环境不可用的时候，就要用这个章节中要介绍的"三个为什么"找到自己的"情绪触发点"，来识别和预警自己的情绪变化。我们要学会借助外界环境来控制情绪，而当我们不断用"三个为什么"找到自己的"情绪触发点"之后，就可以不断地创造出有利于我们情绪力的环境，达到"世间万物非我所有，只为我所用"的境界。

● 找到"情绪触发点"就能够起到提高情绪力的目的吗?

就像我们学习开车一样,先是有意识地多次重复一个动作,直到它变成下意识的条件反射。当我们学会开车以后,可以一边闲谈一边开车,不需要经过任何思考就可以做出正确的反应。

一个行为只要不断地重复,就会变成一种习惯动作。同样,一种思想只要不断地重复,也会成为一种习惯心理。例如,愤怒反应、嫉妒反应、自责反应、平静反应等,都是一种惯性情绪反应,是多次重复的结果。

如果你找到了自己的"情绪触发点",并且经过刻意练习,就可以重置惯性情绪反应。比如,当听到某个人背后说你坏话时,你每次都很生气。久而久之,当你参加的会议中有他的出现,你就会感到莫名的烦躁。而当你找到"开会时情绪烦躁"的触发点是那个人的出现的时候,针对这个触发点做有针对性的情绪肌肉锻炼,那么一段时间之后,你会惊奇地发现,你的情绪完全可以由自己控制,再也不会被他的出现所左右。这会让你感觉到自身的强大!

比如,我做过的一个新冠疫情期间,身在国外的中国留学生的心理咨询和催眠调节的案例。来找我的是一个在英国读大学的女孩Bella,当时因为新冠疫情,她已经在宿舍学习了整整一个学期。找我预约咨询的那段时间,她正在准备期末考试,同时天天处在崩溃的边缘。

"婷婷老师,我觉得我整个人的状态是混乱和失控的。为了考出好成绩,我拼命地看录播课程、做题。但是,有的时候,我脑子是乱的,课程里讲的东西我就是听不懂,听懂了也没记住。

"为了让自己能记住,我就反复看,反复做题,但这样我就没有足够的时间休息了。实在是疲惫得不行时,我才会停下来休息。然而,只要我一休息,我就会心慌,会不自觉地批评自己'你都没有努力学,还好意思休息'。于是,我又打开电脑继续学习。

"但是学着学着,又会觉得很困、很委屈、很无助……然后我就会崩溃到大哭。我总会在平静和崩溃间游走,没法做到有效复习。你说我该怎么办?"

说完了自己的状态后，视频那头的Bella静静地看着我。我知道她现在处于情绪的平静期，是可以进行理智思考和逻辑分析的。

我说："Bella，让我来问你'三个为什么'问题，咱们来试着找一找你还可以做一些什么？"

我问的第一个问题是："为什么这次的考前复习，会让你情绪如此崩溃？"

Bella回答道："因为这次要考的科目很难，理解起来比较吃力，老师又很凶，即使上课时听不太懂，因为怕被骂也不敢去问老师。鼓足勇气给老师发邮件问问题，又迟迟等不到老师的回复。所以，我就很难过！"

我说："在英国修过的所有课程中，有没有遇到过难度和这次要考的科目相仿，但是你没有这么崩溃的呢？"

Bella回答道："有的，上学期和上上学期都各有一门课程和这个课程的难度相当。特别是上学期，那会儿疫情没多久，老师连录播的课程视频都没有，是先发给我们一些学习材料，然后才补上的讲课视频。虽然那次也让我很头大，但那次头大的原因是东西给得太晚，要学的内容太多的头大，而不像这次这么崩溃。"

于是，我问出了第二个问题："上学期的那门课程的难度和这次相仿，而且都是在疫情期间的居家学习，那为什么两门课同样都是时间紧任务重，上次却可以心态稳定地进行期末复习呢？"

Bella回答道："嗯……上学期那会儿，我是刚从国内过完假期回来的。虽然家里的亲戚朋友，特别是老人们都很担心我这个时候一个人去国外，但其实上个学期我的情绪状态还真是挺稳定的。而上个学期结束后的假期，我没有回家。因为机票实在太贵了，而且航班还经常熔断，我想就不回国了吧，结果这学期到了后半学期就很容易责备自己，觉得自己不够努力、脑子不够快，到了复习的时候就很容易崩溃。"

我说："那么，你有没有开学前的假期没有回过国内的，同时那个学期学的课程内容和这学期的这门课程内容难度相当的呢？"

Bella回答道："有的，就是前面提到过的上上学期的那一门。"

于是，我问出了第三个问题："上上学期的那门课和这学期的这门课难度相当，并且你开学前的假期都没有回国，所以思乡程度相当。那为什么上上学期那门课，你可以保持一个好心态呢？"

当我问了这个问题之后，屏幕里的Bella眨着眼睛想了很久，突然她眼圈一红，说："婷婷老师，我知道了！我知道我问什么后半学期总会责备自己、总饶不过自己了！这学期我在国外的时候，我姥姥突然去世了。我从小是姥姥带大的，和姥姥的感情特别好。就连之前我每个假期回国休息，都是住在姥姥家，而不是父母家。姥姥突然走了，但是我却没有送她最后一程，我觉得她一定走得很不踏实，心里一定在挂念着我……"说到这里，Bella又陷入了沉思。

我静静地看着她，因为我知道，Bella还差一点点就想明白自己为什么这学期会在复习的时候反复崩溃了。为什么我不直接说，而是一定要等她自己想到这一点呢？因为只有这样，我后面帮助她解决问题的方法才能起效。

30秒钟过去了……1分钟过去了……2分钟过去了……突然Bella说："婷婷老师，我明白了！姥姥走了我没能送她最后一程，除了伤心难过外，我其实还有深深的自责和愧疚感，只不过那时候我不觉得。后来，随着学习任务越来越紧张、越来越繁重，我的自责和愧疚变得越来越严重，并且已经从姥姥去世的事件中泛化到了学习和生活中。因此，我才会不停地责备自己太不够努力了！"

"是的，让你崩溃的关键原因不在于复习考试的时间紧任务重，也不在于疫情期间的普遍压抑，更不在于假期里你有没有回国内好好休息，而在于姥姥去世让你产生的自责和内疚感。"

"婷婷老师，您说得对。我刚才仔细地想了想，我学习上所有的消沉和负面情绪，都是在我得知姥姥去世后的一两个月里开始出现的。对的，我终于找到原因了！"

找到症结所在，那就好对症下药了。在接下来的一个疗程的时间里，我用视频的方式给身在英国的Bella做催眠调节，以降低Bella的自责和内疚感，而且还帮她在催眠过程中与姥姥做了告别，顺利走过了亲人去世后的"悲伤与离别的五个阶段"。因为没有频繁的情绪波动了，Bella的复习效率也一路提高，最后以满意的成绩通过了期末的各门考试。

试想一下，如果当初没有找对原因、对症下药，那么很容易把沟通要点放在"是不是你在国外对疫情有所担心呀？要不要考虑回国居家学习呀？""是不是到了大三真的课程太难？要不要考虑转系？""尽力复习了就好，考不好大不了再重修一次呗，可别太逼自己了！"

那再想一下，咨询过程中我是如何帮助她找到根本原因的呢？简而言之，就是我问了"三个为什么"的问题。

是的，看似我随意在问的问题，其实就是锻炼情绪肌肉、提高情绪力的一个很关键的方法：用"三个为什么"来找到"情绪触发点"。

● "三个为什么"的标准句式是什么？

"三个为什么"的标准句式如下，当然在实际应用中要根据实际情况作出调整：

→第一个为什么：为什么自己会有这种情绪？

→第二个为什么：为什么这件事会让我出现这种情绪？

→第三个为什么：为什么之前不会，现在会让我出现这种情绪，这次和以前有什么区别？

这一章所讲的找到"情绪触发点"与上一章所讲的找到"情绪词典"相比，难度有所增加。因为这一章的内容已经从之前的"表面现象的描述"深入到"内在逻辑的梳理"了。

最后一个为什么的答案，就是你的"情绪触发点"。也就是说，你可以通过增加"情绪触发点"出现的频率来增加开心幸福等的积极情绪，也可以通过避免"情绪触发点"出现的频率来降低悲伤失望等的消极情绪。

在这一章前面的文章中，大家需要在留白处练习提问题的能力，然后根据问题来尝试回答。记住,提问题的关键是每个问题都以前一个问题的答案为基础,每问一个问题都把思考的深度推进一些,这样三个问题问下来,就离自己内心深处的那个真实想法更近了一些。如果想看到更多"三个为什么"提问方式和思考思路的示例,你可以到知识星球App"婷婷的心理会客厅"以关键字"为什么"来搜索案例。

"情绪触发点"总结

找到的"情绪触发点",是管理情绪的前提。

如何找到"情绪触发点"?

1.场景重现

闭着眼睛回忆,再次回到之前出现消极情绪的场景之中。

2.追问"三个为什么"

为什么自己会有这种情绪?

为什么这件事会让我出现这种情绪?

为什么之前不会,现在却会让我出现这种情绪,这次和以前有什么区别?

第三章

抑郁了,我还能好吗?

看画读心 | 妹妹的出生和我的抑郁同时发生,是巧合吗?

12岁的大豆是家里的老大,他还有一个9岁的妹妹小豆。大豆是跟着妈妈一起来的,看见我之后,礼貌地叫了一声"婷婷老师好",然后,就端端正正地坐在了妈妈的旁边。在接下来的10分钟里,对于我说的每一句话,大豆都听得非常认真。但是,对我问他的每一个问题,他都用沉默来回答。

我知道大豆并不是不想回答,而是他不知道妈妈想让他怎么回答。因为我每问他一个问题,他都会把目光投向妈妈,想从妈妈的表情中读出答案。然而,妈妈的这句"你自己怎么想的就怎么说",反而让大豆不知道该怎么回答了。

10分钟之后,大豆可能因为太过紧张,跑去上了趟厕所。趁着大豆走开了,妈妈对我描述了一下大豆的情况。妈妈说:"婷婷老师,大豆就是这样有些羞涩。他平时在家特别爱看书、爱听故事。按理说,爱读书、能坐得住本来是一件好事,但您说他只是一个12岁的孩子,怎么也应该活泼好动吧,而他却文静寡言,跟他妹妹小豆的性格正相反。

"虽然他在学校是一个好学生,在家也非常听话,但我总觉得有些不对劲儿。只是每次让大豆给妹妹讲讲自己读了些什么书、表演背诵什么的,他都表现得十分抗拒,甚至还会哭起来。我不知道这到底正常不正常,我该怎么去引导大豆?"

说完这些，大豆也从厕所回来了。我看大豆又开始紧张局促了，于是借故让妈妈暂时离开了一下，我拿出了笔和纸，让大豆画了一幅画。

图4 大豆画的"房树人"

从图4中我们可以看出：

1. 画中的人物是火柴人，相对于房屋和树来讲太过单薄。也就是说，在孩子的潜意识中，他对自己的能力不确定、不信任，所以会表现得不敢大胆尝试和胆怯。

——从这一点可以看出，小豆的出生是对大豆有着不小的影响。算一算时间，大豆12岁，小豆9岁，也就意味着大豆在刚上幼儿园的时候，小豆出生了。对于大豆来讲，他同时经历了三个对于任何孩子来讲都最难熬的时期：一是因为妈妈在医院待产和住院而产生的妈妈消失期，二是因为刚上幼儿园产生的分离焦虑期，三是因为妈妈把更多的养育精力放在小豆身上而产生的母爱剥夺期。这三个时期同时发生，让大豆的心理产生了巨大的冲突，对于当时的大豆来说，他会将这些归因为"都是因为我不好，所以妈妈不喜欢我了"，故而对自己产生莫名的怀疑和否定，以至于在做任何事情，甚至是回答小小的问题前，都希望能搜索到妈妈的暗示，以便在回答完能让妈妈开心。

2. 画中的房顶有太多的线条，而且房顶和房屋主体间的横线，有突出的向下弯曲。即在孩子的潜意识中，他对自己是有要求的。但因为要求过多，自己无法达到，才逐渐对自己产生了怀疑，甚至表现得不屑一顾。

——从这一点我判断出小豆在学校并不太好过，因为他不是一个传统意义上招老师喜欢的孩子。同时，当有同学指出他的不足时，他从来不会承认，只会表现得不屑一顾，而这种态度会让同学很撮火。事实上，大豆并不是一个爱捣乱的孩子，而是因为他对自己的要求过高，当自己没做好的时候，他会特别难受、自责，此时的他无法再忍受别人的责备。所以当别人责备他时，他才会表现得很拒绝、不接受。这一点其实和妈妈对我开始描述的"他在学校是一个好学生"是矛盾的，后来妈妈针对这一点又再去和老师沟通，老师给出的反馈是"大豆在学校学什么都很快，成绩也不错，但就是比较轴，听不得批评。要说这也不是什么大毛病，所以你没有专门问我这个情况，我也就没主动和你说"。

3. 画中的颜色虽不算鲜艳明亮，但也算干净整洁，即孩子的潜意识中是善良和单纯的。

——从这一点看到，大豆虽然因为小豆出生，直到现在都心里不平衡，但其实他也明白妹妹没有抢走妈妈，家长苦口婆心说的所有的话，他都听进去了。但毕竟因为当初同时受到了三重焦虑，而家长没有及时觉察和积极干预，最终导致大豆自信心不足，对他人敌意较大。好在家长察觉到了这一点。只要注意亲子沟通方式的调整，大豆的安全感是可以被慢慢提高的。

在接下来的调节过程中，因为大豆的高敏感度和低抗压性，所以我没有过多地给他讲道理或者让他回答问题，而是给他做目前状态下对他负担最小的催眠调节来帮助他。在催眠的过程中，看着孩子的自信心在一点一点提高，特别是在做到第五次催眠调节的时候，大豆兴奋地给我们背诵他刚学的古文，那种勇于表现和展示自己的状态，对他而言是一个质的飞跃。

在做心理咨询和催眠调节的过程中，我看到过太多孩子在做了几个疗程的治疗后重新找回了属于他的那份自信，但是每每看到这种转变在另一个孩子身上发生，仍然会使我感到无比自豪，有什么比帮一个孩子找回他自己更让人开心和激动的事情呢！

"看画读心"总结

- 人物太过瘦小和单薄：对自己的能力不认可、不满意。
- 房子的屋顶有太多的填充线条：对自己有太多要求，而且这些要求都是无意识的，甚至连他自己都说不出来为什么会这样要求自己。
- 画面颜色鲜艳、干净整洁：性格的底色是善良和单纯。

画一画

请以《我的家庭》为题，画一幅画。

抑郁症能治好吗？

抑郁症因其发病的轻易性和普遍性，被称为人类的"精神感冒"。在中国，最新统计数字告诉我们，关于抑郁障碍的问题已经不容忽视。2019年，我国抑郁障碍终身患病率达6.8%，约有9 000万抑郁症确诊患者，但接受正规治疗的不到7%。

● **是什么在阻碍抑郁症的有效治疗？**

社会的偏见、健康教育的不普及、医疗资源的匮乏、咨询成本高，都是阻碍抑郁症患者得到有效治疗的因素。

即使抑郁症的群体如此庞大，但大众对抑郁症的了解仍然存在很多的误区：抑郁症就是单纯的心情不好，想不开、抗压力低甚至是矫情、作……

对抑郁症的误解、歧视和病耻感，导致了很多人不敢看病、不愿看病、不会看病，以至于耽误治疗，给自己和家人造成了很多不可逆的伤害和痛苦。

很多年轻人找我来做心理咨询和催眠调节的时候，问我最多的一句话是："婷婷老师，我还能好吗？抑郁症能治好吗？"

比如，我曾经做过的一些出国留学的孩子们，这些孩子们在经历了多则三年、少则一年的艰辛烦琐的出国准备，搞定GPA、托福、GRE、雅思、文书、推荐信、网申、面试……在踏上出国的飞机的那一刻,似乎一切都如初春的阳光一样,充满了希望。

但很多孩子在和我做咨询的时候却说:"婷婷老师,当时的我并不知道,那一天其实是下一阶段艰难时光的开端。"小米就是和我说这句话的众多留学生中的一员。

● 婷婷的心理会客厅　**被抑郁困扰的留学生**

留学,听起来总是光鲜亮丽的生活。从父母到旁人,在大多数人眼中的留学生都是天之骄子,优异的成绩单,古朴的校园,朋友圈里永远晒着热闹的派对和社团活动,放假还可以去往世界各地旅游打卡。但是,在这些花团锦簇的背后,却藏着一片阴影和越来越多冷冰冰的情绪。

在耶鲁大学一项关于抑郁症的调查中,中国留学生明确表示有抑郁症倾向的人已经高达45%,29%的中国留学生称有焦虑症状。而相比之下,同龄的美国学生仅有13%。

近年来,抑郁症在留学生群体中越来越高发,甚至夺走了很多人的生命:

→2019年2月,一名年仅26岁的中国留学生,在斯坦福大学实验室上吊身亡,自杀原因疑似抑郁和生活压力;

→2018年5月1日,纽约大学医学院华裔女生Andrea Liu被发现在宿舍内上吊身亡,并且留有遗书;

→2017年10月,在美国犹他大学攻读生物学博士的唐晓琳,在金门大桥纵身一跃,结束了自己年轻的生命;

→2017年2月14日,美国加州大学圣芭芭拉分校(UCSB)就读的20岁中国女留学生刘薇薇被发现死在宿舍内;

→2016年12月,美国俄亥俄州立大学,一名来自中国天津的品学兼优的留学生刘凯风在家中自杀身亡。

他们通常表面乐观，内心却深受抑郁困扰，不想被家人和朋友觉察。在名校光环下，是他们努力掩盖的脆弱和无助。

小米是一年前找到我的，今年读大三的她，已经在抑郁中挣扎了一年。最开始，她只是觉得自己学业压力有点重，经常情绪低落，自责自卑，容易疲惫。

但随着时间的推移，她发现自己的症状越来越严重：开始暴饮暴食，大把大把地掉头发，极度嗜睡，心慌心悸；最长有两个星期不出门、不与外界联系，害怕与人接触沟通；记忆力减退，无法集中精力做任何事。

因为面临着毕业，小米需要考虑现实的就业压力。同时，这学期难度骤然提高的专业课，成了压垮小米情绪的最后一根稻草。本身朋友就不多的她，最终陷入了抑郁，开始向外界求助。

小米说："我每天早上都要用尽全力，才能把自己从床上扯起来。在教室里坐不到五分钟时间就会心痒难安，感到自己要被掏空了……"但她坚持不休学、不转校，要读完自己这学期选的所有课程。

在我给小米心理咨询和催眠调节的前两个疗程中，有好几次我打开摄像头的时候，小米已经哭成了泪人，而且手边就放着她已经泡好了的过量的粉色的药。她痛苦地说："Vivian，我实在坚持不下去了，我太软弱了，我觉得我好不了了，我打算放弃了……"

我当时一次又一次地用笃定的信心和坚定的语气对她说："你，能好！"

● 抑郁症略微好转时为什么有人会停止治疗？

两个疗程之后，小米的情绪已经趋于稳定，而且在学业上她也终于可以允许自己申请一门课的"本学期放弃"——千万不要觉得"调节了半天，怎么孩子还放弃了一门课"，并对此觉得惋惜。其实，对于小米来说，她能够主动允许自己放弃一门课，敢于面对自己的失败，恰恰是一个抑郁症状开始好转的重要征兆。

对于抑郁症患者来说，他们通常是一副"拿也拿不起，放也放不下"的状态。在这种困境中，就造成了他们越纠结越逃避的行为模式。而当他们能够作出决断的时候，其实就是开始面对真实的自我、下决心不再逃避的时候。当一个抑郁症患者不再逃避了，他的抑郁症也就开始好转了。

接下来的后半个学期，随着心理咨询和催眠调节的持续进行，小米虽然放弃了一门课的学习，但是情绪和状态却在显著地提升和稳定中。

之前的小米一焦虑就暴食，暴食之后又嫌弃自己管不住嘴，于是用催吐的方式来惩罚自己，保持身材；但在后半个学期，随着小米焦虑程度的缓解，她不再试图把过量食物吞进肚子里来填补内心的空虚。小米的朋友也觉得和小米的交往变得轻松了。

随着期末考试的完成，再加上小米假期和朋友们去欧洲玩了一圈，她回来后兴高采烈地和我说："Vivian，我的抑郁症好了！"

我却用更坚定语气还要坚定的语气告诉她："不，你还没好！"

小米当时觉得自己是真的好了，再加上新学期课业繁重，自己还交了一个男朋友，所以她不再把时间安排出来做咨询调节。虽然我看得出来在这个时候小米中断心理咨询的风险，但是就像那句话说的"最好的关系就是你恰好需要，我恰好能给"，所以我没有强求小米继续治疗。

果然，半年多以后我的心理管家再次收到了小米来约我加急咨询的需求。她对我的心理管家说："请帮我加急约Vivian，我再一次濒临崩溃的边缘了！"

怎么回事呢？这是在小米准备研究生申请材料的时候，小米的抑郁症再一次卷土重来。她的这次抑郁症的复发虽然是意料之外的多种因素的综合作用，比如准备申请材料和期末考试的时间撞车、课业难度的不断提高、未来就业的不确定性进一步增加……但在我的经验和判断中，她的复发是意料之中的事。

● 抑郁症复发时为什么很多人会放弃治疗？

小米在这一次的咨询调节中，经历了比上一次还要痛苦和艰难的过程。她说："Vivian，我真的很后悔当初没听你的劝告，继续坚持再做一个疗程的催眠调节，因为我真的觉得自己好了。而也正是因为我觉得自己完全好了，当我再一次意识到抑郁症复发了的时候，我才这样震惊和慌张。

"因为在我刚刚知道我得了抑郁症的时候，虽然我很痛苦，但是我觉得那是因为我没有认真对待和积极防范，所以我及时找到你来对我进行专业的救助。但当我复发的时候，我突然怀疑我之前的一切，觉得我之前做的所有自救和防范都是没意义的，极度的否定又加重了我本来已经存在的抑郁情绪。结果，我就像掉进了一个万劫不复的深渊一样。

"我现在终于能理解为什么很多罹患癌症的人，当他们第一次知道自己得了癌症的时候，还能保持一个积极的心态坚持治疗，但是当他们觉得自己痊愈了又复发时，很多人就没有了斗志，结果被病魔打败了。真的是我轻敌了，是我轻敌了！"

"我的抑郁症能不能好"的这个问题是一个容易产生歧义的问题。如果你的"抑郁症好了"是说要恢复正常的生活、学习、工作的话，那我可以肯定地告诉你：在经过专业的心理咨询和催眠调节后是可以达到的。但如果你的"抑郁症好了"是说以后再也不抑郁了，那我也可以肯定地告诉你：当你有这样的期待的时候，你的抑郁症复发的伏笔已经埋下了。

既然抑郁症被称为"精神感冒"，那么它和感冒就有很多相通的地方，其中就包括两者有关"是否能治好"的回答。

当一个人感冒的时候，如果吃药和治疗都很及时且合适，那过几天他就不再感冒发烧咳嗽流涕了，他又可以生龙活虎地生活、工作和学习了，这就是我们通常所说的"我感冒好了"的含义。而我们都不会有这样一个心理预期：我这次感冒好了，这辈子就不会再感冒了！其实我们知道，如果我抵抗力下降或者穿少了，那很可能会再感冒，接下来我就再治疗就好了。

那为什么当小米刚得抑郁症的时候，在她几次企图喝药自杀的时候，我都能很肯定地知道她还能好呢？很简单，因为她肯来按时连线做心理咨询，就是她还有求救的欲望，只要心中还有一点点小火苗，生命就是有力量的，就是有再生的力量的。所以，在前两个疗程中，虽然她隔几次就会把过量的药都泡在水里，但只要她按时上线治疗，那她就还在求救，而不是在威胁或是全面放弃。

那为什么当小米假期回来兴高采烈地告诉我她全好了的时候，我却告诉她还没有好呢？因为当时我正计划着下一个阶段要引导她去找到自己的"抑郁情绪触发点"、"情绪流程图"和"情绪加油站"。这些都是她能够敏感地觉察情绪、自我疏导情绪以及管理情绪的关键方法。

这些措施就类似于一个人对于身体上的感冒的预警机制和处理措施。比如，当一个人感冒的次数多了，她就会知道当我身上有些发冷的时候，我是有点着凉了，那我需要喝些热水；如果我开始打喷嚏了，那我就是快感冒了，我除了需要喝热水，还要再泡泡脚，然后赶紧睡觉；如果我开始发烧、流鼻涕了，那就别等着了，该去医院就去医院，该吃药就吃药。

● **我们要从抑郁症的治疗中学习什么？**

当一个抑郁症患者，不仅能从抑郁中走出来，而且能在抑郁治疗的过程中建立好自己的抑郁预警机制和处理措施，那么这个人才会在之后人生的挫折和压力来临之时，能敏锐地觉察自己周围的"消极情绪触发点"，及时用"情绪流程图"来疏导自己的消极情绪，以及用"情绪加油站"来让自己变得积极和振作。

而对于小米调节的后续呢，在接下来两个疗程的调节中，她不仅在心理咨询过程中完成了"抑郁情绪应对预案"，而且还和我学习了自我催眠的方法，来作为她自己的终极大招。同时，她也慢慢接受了以后她的精神状态就是会不时地"着凉"，至于会不会感冒，甚至发烧，那要看她有多迅速地用抑郁情绪应对预案来做出决策和反应了。就像有句话是这样说的：我们无法阻止问题的发生，但我们可以选择应对的方式！

做完这两个疗程，小米在之后与男朋友分手的事件中，对自己的情绪管理也非常得当：虽然分手让人很痛苦，但是她并没有将痛苦无限放大，甚至否定自己，否认一切，而且她的抑郁也没有再次复发。

陪孩子走出抑郁

■ 婷婷的心理会客厅 ｜ 留学生抑郁的特征

在留学生群体中，有以下三种性格特征的人，更容易产生焦虑抑郁的情绪。

交往被动，不太善于社交

孤身一人身处国外，没有熟悉的家人、朋友在身边，孤独感总会在不经意间出现。语言的障碍、文化冲突、圈子的隔阂本身就是难以克服的问题。

而性格内向、交往被动的人，就更加难以主动去社交，获得情感的支持。当所有的负面情绪无法得到合适的宣泄和排解时，就变成了压垮自己的武器。

性格要强，不想辜负父母

留学生大多成绩优异，承载着家人朋友的期待，而他们自己也想成为家人的骄傲。高昂的学费、生活费，让留学生们又多了一份心理压力。所以，他们认为一定要好好读书，才能对得起父母的支持和付出。

出于对家人的愧疚，他们会更加严格地要求自己，隐瞒负面的情绪，久而久之，反而给自己增加了很多无形的负担。

追求完美，永远觉得自己做得不够好

出国留学的学业压力，是没经历过的人很难体会到的。看不完的资料大部头，艰难推进的小组作业……让人倍感压力。而追求完美的人，却还永远觉得自己做得不够好。他们希望自己自律、高效，样样都能做到最好。

然而，过高的期待会让留学生开始自我怀疑、否定自己，觉得自己什么都做不好。甚至在情绪低落、身体不适的时候，都不允许自己休息，最终只能带来崩溃的结果。

有人说，留学生的崩溃都是悄无声息的。而留学生这种抑郁和焦虑的情绪，通常会随着期中考试、期末考试、实习工作的频率反复发作。

无论是家人，还是朋友，在这些敏感的时间段，需要格外注重留学生的情绪状况，不要等到长期的压抑积累到彻底爆发才追悔莫及。

抑郁之后，不吃药能不能好？

有一天晚上十点多，我的心理管家打电话给我说："婷婷，有一个非常紧急的心理咨询案例在线等着你，需要你马上做！"

我一边调整自己进入工作状态，一边听着心理管家对于这个紧急预约案例的背景描述。但是，当我刚刚听了个开头，其实是我在听到来访者的名字的时候，我的心猛地揪了一下，觉得之前的一些不好的猜测可能真的发生了。

紧急预约的这位来访者我知道，她是一位患有双相情感障碍的女研究生文彬，已经在我这里做了一个多疗程的心理咨询和催眠调节了。

在文彬刚刚得病时，她就自己躺在宿舍的床上不吃不喝不下地，最长的一次是这个状态持续了整整三天；有时候犯病时，她又会一直待在实验室里不停地做研究。这种看似疯狂且极不稳定的作息和举动，不仅吓到了宿舍的楼管、实验室的保安，也吓到了周围的室友、同学和导师。因为文彬没有意识到自己得了心理疾病，所以没有及时进行专业的干预和治疗。

因为文彬的情绪波动得很厉害，经常在两个极端游走，周围的同学和朋友经常被她的状态转变搞得无所适从。为了不招惹文彬，也为了不让本该融洽的场合突然变得尴尬，同学们渐渐地疏远了她，很多学术讨论和课后聚会也不再邀请她。文彬能聊的人越来越少，她也越来越活在自己的世界中出不来，而她的行为也变得更加不受控制。

直到有一次文彬在宿舍里抑郁症发作，用刀割伤自己的时候被室友发现告诉了老师，她才被正式建议回家休息一段时间。从学校离开后，父母陪她去了精神专科医院检查，确诊了双相情感障碍。医生建议她吃药和心理咨询同时进行。为了治病，她办理了休学手续。在连续吃药、每两周去医院复查一次的同时，在我这里已经做了一个疗程的心理咨询和催眠调节了。

在我的眼里，文彬是一个长得很漂亮的清秀的女孩子。人如其名，文质彬彬。只不过为了治疗双相情感障碍，她已经连续几个月，每天同时吃三四种药物。这就意味着她的身体要承受着三四种药物的副作用。一般的手抖、便秘这些副作用文彬也就忍了，但其中一种精神类药物的副作用是长胖，这让她很是苦恼！

自打吃上这种药，病情倒是得到了明显的控制和缓解，但是文斌的长胖速度也是肉眼可见的——平均1个月胖10斤左右。几个月下来，让本来身高不是太高的文彬看起来不再清秀。虽说她休学在家，身材的变化并不会让同学和朋友看到，但作为一个正值花样年华的女孩子，她迫切地想要减肥，恢复身材后回到校园，继续自己的学业。

● **抑郁症的好转也是病去如抽丝吗？**

经过了几个月的休息，文彬的状态恢复到了什么程度、能不能回学校学习了呢？

当她一边吃药，一边在我这里做完一个疗程的催眠调节后，她那些因为疾病导致的情绪变化而引起的躯体化反应，已经被稳定地控制住了。特别是前两周去医院复查的时候，医生也对她现在的状态给予了肯定，并且明确地告诉她可以减少药量了，并告诉她如何按步骤慢慢地减量。

但是从文彬那一次看完医生后，每次我给文彬做心理咨询和催眠调节的时候，总觉得她的状态不太对。她有时会变得很活泼很开心，有时又会莫名其妙地苦苦思索。但根据我的经验，这既不是双相情感障碍的新一轮周期，也不是一个人情绪的正常展现。突然，一个不好的猜想涌进了我的大脑，该不会是……不行，这可是会出危险的事情呀！

于是，我问文彬："最近发生了什么特别的事情吗？"

文彬说："没有呀，婷婷老师。"

我问："你最近是开始减药了？"

文彬说："是的，婷婷老师，我按照医嘱减的。这两周先从每天两片减到一片半，两周后复查，如果都正常的话，再巩固两周后减到一片。复查之后，没问题，再继续减……如果一切顺利，我大概三个月后就不用再吃这个讨厌的让我不停长胖的药了！"

我问："你是按照医嘱减的，这两周一直是每天一片半的量，是吗？"

文彬说："是的，连续两周，每天吃一片半。"

听到文彬的回答，我的心里稍稍安定了一些，还好她没有偷偷减药，否则后果不堪设想。然而，一个疑惑又冒了出来：如果不是私自减少药量造成的现在这种奇怪的状态，那又会是由于什么原因造成的呢？

于是，我仔细询问了文彬这一段时间的饮食起居、生活规律、交友追星等问题。然而，从文彬的回答中，我看不出和之前相比有什么不同。那到底原因是什么呢？我只好保留着这个疑惑。

也正是因为之前的这些担心和疑惑，在我听到"文彬"这个名字从心理管家的嘴里说出来的时候，我的心才会猛然一揪。因为心理咨询都是预约制的，是在上一次咨询结束前约好下一次的时间。没有特别的事情发生，是不会突然约这种紧急咨询的。而一旦有紧急预约的需求，特别是在晚上十点多，那一定是有特别危险和严重的事情发生了。

● **私自停药后会发生什么？**

果然，等我和我的助理咨询师打开摄像头时，从视频画面里看到的是一双呆滞的眼睛、扭曲的表情，还有歇斯底里的大笑——那是文彬，却又不像文彬。文彬的旁边是她的妈妈和爸爸，两个人合力按着文彬那肆意抖动的大腿和在空中胡乱摇摆的胳膊。

这种声音、容貌、行为、场景和状态，就是电视剧里精神病人的样子。

而文彬对着镜头，即使看到了我，依旧继续着她的大笑和无法自控的乱动。

那天晚上，文彬的大笑持续了大约20分钟。因为条件限制没有能去的医院，她的爸爸妈妈在整个过程中抱着她、按着她，就这样僵持着。文彬在当时的状态下是听不进任何话的，因为她的感知觉以及思维体系是完全不能正常工作的。所以，我当时能做的并不是去缓解文彬的症状，而是帮助既害怕无助又濒临崩溃的爸爸和妈妈，让他们能够撑下去。

那天晚上，文彬和她的父母是在自己家里熬完了整个发病时间。

等她勉强入睡后，惊魂未定的爸爸妈妈坐在了摄像头前。我向妈妈了解了情况，并且再一次问到孩子最近的服药情况。直到这个时候，妈妈才吞吞吐吐地说出了文彬上次从医院回来，就开始私自减药量的事情，而且妈妈还默许了他的行为！

妈妈说："婷婷老师，文彬已经有一段时间能规律作息了，不呕吐、不恶心，还能和我们有说有笑的，有时候还能陪我出去买个菜。我感觉她的病快好了，文彬自己也这么觉得，所以她就不想再吃那些让她发胖的药了。再说，医生不是也同意让她减药了，所以我们就合计着不如就把药减德快一些。"

我说："啊！文彬果然是私自减量了！难怪我之前就觉得她的状态不太对。但是，我问她的时候，她反复说了她是按照医嘱减的呀！"

文彬的妈妈说："唉……我们知道您反复和我们强调要遵医嘱，不可以私自减量。我这不是觉着她真的是好了，而且看着孩子这么长胖我们心里也不舒服。所以就想着减快点，应该也没什么太大的问题，毕竟我们在家也不刺激她，现在又不用她学习，也没什么压力。结果……"

果然，我之前最坏的猜测真的发生了，我那次给文彬做咨询时心里的疑团解开了，但是留下了深深的遗憾。在之前的咨询中，我一直在反复强调，吃药减药一定要遵医嘱，定时定量吃药，否则后果很可怕。眼见着文彬的病情在吃药和催眠的共同调节下逐渐恢复和平稳，并且通过几个月的努力，终于可以逐渐减少药量了，但是心急的文彬又在病情稍微好转后，把自己推向了更大的心理深渊。

详细询问后，我才知道文彬只用了三天时间，就完成了把每天的药量减到一片半、减到一片、再减到四分之三片的过程——这本该用足足六个星期的时间才能完成的药物减量，她仅用了三天就完成了。结果三天后，她的躁狂情绪抑制不住，就表现出无法自控地大笑的症状。

第二天去医院检查，检查的结果是精神分裂症的急性发病，所幸大脑没什么损伤，恢复药量即可。可医生也后怕地说，如果文彬第三天不是只减到了四分之三片，而是半片，后果将不堪设想……

文彬的案例已经不是我做过的第一个私自减药、停药或者拒不吃药的情况。而他们这样做的理由无非那几个：我怕吃了副作用太大，所以不想吃；我听说吃了就会有依赖性，还是别吃了；我觉得我好了，不用再吃了……

到底抑郁症可不可以不吃药？什么情况下必须吃药？吃了药会怎么样？不吃药又会怎么样？

● 抑郁症可不可以不吃药？

"什么程度的抑郁必须吃药、什么程度的抑郁只需通过心理咨询就能调节好"这不是抑郁状态中的人自己就能判断的，而是要受过专业训练的心理咨询师、心理医生来判断的。

这就类似于一个人生病发烧了以后，到底是物理降温加上多休息就能好，只吃退烧药就可以好，需要配合消炎药才能好，还是必须打点滴、雾化才会好，这不是病人自己能判断的，而是需要医生通过专业的检测和判断才能决定的。

所以，当一个人发现自己最近好像状态不太好，但又不确定自己是有些矫情还是真的需要一些积极的干预，那就需要参考如下步骤来获得专业及时的判断和帮助：

→第一步，先找心理咨询师，进行专业的判断；

→第二步，如果经过心理咨询过程的判断，在绝对必要的情况下，在心

> 理咨询师的指导和建议下，去找西医的精神科开具西药；
>
> → 第三步，坚持按时按量服用西药，按照预约时间参与心理咨询，让自己的状态获得短期和长期的稳定和改善。

在这里，我要强调一下，在我做过的心理咨询案例中，有很多情况下是孩子早就觉得自己不太好了，想约心理咨询，但是周围的人（包括父母）却会阻拦和拒绝。因为他们觉得"你觉得状态不太好？我觉得你挺正常的呀！要我说就是你抗挫折的能力稍微差了一点，没太大的事儿，别胡思乱想了"。

但其实心理状态这回事儿就是"如人饮水，冷暖自知"，周围人再觉得孩子都挺好，但只要孩子自己觉得不太好，那就是不太好，那就有资格去要求预约心理咨询师来聊一聊。

特别是孩子的一些心理情绪困扰，如果是刚刚处于萌芽阶段就接受专业调节，心结很容易被打开，不会影响到孩子正常的学习和成长。而如果把问题搁置下来，以为时间能解决一切问题，结果过一段时间发现那个心结还在。等到不得不面对和处理的时候，必然会花费几倍于之前的调节时间，而且很可能由于问题的固着和泛化，影响到孩子生活学习的方方面面，这也是为什么很多由于初期的焦虑抑郁没有及时被干预，而发展到后来厌学的孩子，通常会固着和泛化到连续几个月不上学，甚至不仅不上学，而且拒绝出门，拒绝和社会接触。

● **医生给开了很多西药，是不是意味着病得很严重？**

其实，医生给开了很多西药，并不一定意味着病得很重。

有的医生倾向于用少开药的方法，来减少药的副作用；而有的医生则倾向于下猛药，并且从药理的角度，让药物之间互相作用，从而降低药物的副作用对人体的损伤。

所以，如果你想知道病得严重与否，不要从医生开出的药物的种类来推断，而要直接去问医生！

● 如何看待西药的副作用？

坊间有各种各样关于吃精神类药物之后产生各种可怕的，甚至是不可逆的副作用的说法。

特别是当很多人看到药品说明书上面的副作用说明时，就会因为害怕这些副作用而私自减少服用量，甚至偷偷不吃药。对于药物的副作用，我的理念是这样的：人们害怕药物的副作用，是因为担心它会影响自己的身体，进而降低自己之后的生命质量。但是，说到"生命质量"，要先有"生命"，才有"生命质量"。如果你仅仅因为药物的副作用，而私自减量，甚至拒绝服药，进而造成自己的状态和情绪突变或出现极端的自伤或自杀的行为。没有生命，何谈生命质量！

● 吃西药后，手抖、嗜睡、出汗，正常吗？

服用任何一种新的精神类药物的时候，身体都会需要一段时间的适应（通常是7～14天）。而在这段时间内，身体会因为激素在药物的作用下出现波动而产生一些自己之前没有经历过的变化，比如手抖、嗜睡、出汗、头疼、恶心、昏厥等。因为就算是相同的药、相同的药量，在不同的人身上会有完全不同的副作用，更何况是不同的药物组合在不同的人身上的反应。

所以，从医生的角度来看，在患者服用药物前，是无法预测这个药物会引起什么副作用的。比如，我的一个患者在精神类专科医院开了药，第一顿药刚吃完，就昏睡了整整20个小时，怎么叫都叫不醒。再比如，我的另一个患者同样是在吃药之后，连续三天出现了自己无法抑制的头部抖动。

所以，在服用药物后出现了任何患者之前没有的症状和行为，千万不要自行判断是正常，还是不正常。而要第一时间联系开具处方的医生，让专业的人来做专业的判断。

● 西药是最少连续吃六个月以上，否则很容易引起复发吗？

通常，开完精神类药物之后，医生会要求患者每两周（或是四周）来医院复诊一次。而这样一次一次地复诊和拿药，至少要持续六个月，甚至更长时间，而且很多药物确实要求连续吃六个月以上。在我的心理咨询来访者当中，有一些是在专科医院连续服用药物三年以上。

服用精神类药物，是需要经历药物起效、巩固、保持等的阶段的，而且因为是心理生病了，所以生病的程度和吃药后的效果，很容易受到周围的人、事、物，甚至是季节的影响。

有的病人在吃了一段时间的药后，觉得自己好像好了，就私自停药，不再去医院复诊和拿药。其直接影响就是，出现药物说明书中提到的"突然停药后的戒断反应和病情反复"。所以，既然吃了药，就踏踏实实地遵医嘱。有任何对于药量、停药、换药的疑问，都要先和医生商量，而不要私自做决定。就连抗生素类的药物，如果不是足量足疗程服用，还会产生抗药性、耐药性和引起病情的反复，何况是精神类药物。

● 吃西药会产生依赖性吗？

很多长期服用精神类药物的人，都会提到服药之后的依赖性问题。这个依赖性是真实存在的！而这里所说的"依赖性"，并不是大众所理解的人对于烟、酒、毒品等的那种依赖性。或者换句话说，精神类药物并不存在让人成瘾的成分。所以，人们对于药物的依赖，并不是生理上的依赖性，而是心理上的依赖性。

因为精神类药物能够在人体内发生作用的原理，就是对人体激素的调节，比如五羟色胺、多巴胺等。那么，这个作用是如何起效，并且让病人的症状得到缓解的呢？我来打一个可能不太恰当，但是很容易说清楚药效原理的比方。

现在来想象有一个浇花用的皮管，因为胶皮的长期老化或是意外磨损出现了一个洞（这就好像一个人在长期的压力或是突然的刺激作用下，患上了精神类疾病）。当每次用这个皮管浇花的时候，总会有水从皮管的洞里溢出来，弄得满阳台都是水（这就好像本来一切正常的人，开始焦虑、抑郁、失眠、健忘）。那么，服用精神类药物的作用就好比调节漏水的皮管里的水流。也就是把水龙头拧一拧，让水流变得小一些，这样既可以让每盆花都浇到水，也不会让阳台变得太湿。

但是要注意，当每次都是小水量的时候，一切看起来都很美好；而一旦不再控制水量，那么整个阳台会再一次被水泡了。所以，需要每一次都小心翼翼地控制水的流量。这就是吃药所谓的"依赖性"，也就是很多患者和我提到的"吃了药，我就正常；不吃药，我就不像我了！所以，我不得不一直服药"。

这也就是为什么会有很多人在专科医院服用药物的同时，来找我做心理咨询和催眠调节。因为他们知道，心病还需心药医。也就是说，在服用药物的同时，需要把心结打开，这样才可以不再依赖药物而依旧活得正常。就像那个漏水的皮管，控制水流是防止阳台被水泡的方案之一，但是更长期彻底的方案，是把那个漏洞给补好！所以，心理咨询和催眠调节是用来配合药物，让患者的状态达到长期稳定缓解的手段。

● 当有了私自减药的想法时，意味着一个人的内心发生了什么变化？

失控感增加

不管是什么原因减药量，都会增加患者的失控感。患者患病时就会有很强的无力感，抓不住自己的生活。所以，一旦知道自己可能要依赖什么东西，他们就会很恐惧，因为失控感又要增加了。然而，当他们有这样的想法时，失控感已经不知不觉地在升级了。

所以，当一个人有私自减药量的想法时，不意味着他快好了，而是意味着情况恶化了，需要积极地干预和调整。

焦虑值升高

当患者不停地问"我什么时候能好"时，说明患者很焦虑，而且不接受现状。当他们想要减药量时，说明患者迫切地希望自己能快点好起来。

当患者执着于什么时候能好时，意味着他们还没接受当下比较糟糕的情况，所以一直想要摆脱，本身患者的思想就很极端，这种情绪很容易让他们剑走偏锋。而真正能正确看待抑郁症和焦虑症的人都知道不变坏就是在变好，所以他们虽然会有"我是不是可以减药了"的念头，但这个念头的前提是"我要问一下医生"。

当家人不阻止患者私自减药量，说明家人也很焦虑

同理，家人的不阻止说明他们也想让患者快点好。如果家人还鼓励患者减药量，等于是在害患者。

所以，身为患者的家人一定要保证自己的身体健康、头脑清醒，再去照顾患者，因为家人是患者最坚实的后盾和保障。

如果死活不听劝，真的减药量了，会发生什么？

→经历药物的戒断反应，出现药物说明书上出现的那些副作用；
→出现精神分裂症的症状；
→立马送医院，打镇静剂，做电击治疗；
→大脑神经出现不可逆的损伤，处于疯癫痴傻的状态；
→失去生命。

以上情况都有可能出现，千万不要抱有侥幸心理。精神类药物跟其他的处方药不一样，加上药物的半衰期和减药量的戒断反应都会非常消耗患者意志和身体。所以，我们一定要听医生的话。如果有质疑可以提出来或者多看几家医院，千万不要擅自拒绝服药或私改药量！

抑郁到底该如何治疗？

我们来看一个典型的青春期焦虑抑郁的症状暴露、过程分析和情绪调节过程。

小松是一名刚上初三的男孩子。最近开家长会，老师向小松妈妈反映了这样一个情况：小松平时在课堂上积极回答问题，按时交作业。单元小测的成绩也都不错，一到大考，他就考得不理想。这样下去势必会影响孩子的中考成绩。

小松妈妈也是一头雾水。在她眼中，孩子虽然爱玩游戏，但是能很自觉地在完成所有学业任务后，才玩一会儿放松一下，并且每次玩都不会超过一个小时，也没有因为玩游戏耽误过睡觉。看起来一切都挺正常的，但一到考试就掉链子，到底是为什么呀？

当小松坐到我面前时，脸上带着烦躁的表情。我知道正处于青春期的男孩子一定会有逆反心理，尤其是当妈妈告诉他"和心理咨询师好好聊聊，让老师好好开导开导你，考试前复习要重视，考试时要仔细"的时候，他的内心是抗拒的。这句话让小松的感觉是："都是你的问题，心理咨询师是来解决你的问题的"。

小松坐在椅子上，时常环顾四周，变换姿势，并且一直在啃着手指甲。

我问小松妈妈："孩子从小就啃指甲吗？"

小松妈妈很惊讶地看着孩子，说："我一直没注意到……在我印象里，他从来不啃指甲……"说完，她拿起小松的一只手，仔细观察起来。

小松紧张地把手收了回来。妈妈说："你看看，你这指甲却被你啃秃了。你这是什么时候养成的坏毛病，多不卫生啊！现在疫情还没结束……"

小松不耐烦地"哎"了一声，脚有意无意地踢了一下桌腿。

接下来是和家长、孩子分开咨询的时间。小松明显表现出一副戒备样子，并且显得很焦虑。他尽量让自己表现得漫不经心，但腿却一直在抖动；他努力控制自己不去咬手指，双手却在不停地抠着指甲。直到我们聊到游戏的策略时，小松才慢慢放下戒备，打开了心门。

小松说，他每次游戏打到"最后一锤子"的关键时刻，经常会觉得肚子疼，是那种肠子被拧了的疼。只要一疼，他就会分散注意力，这让他很心烦。

听到这里，我心里一动，继续问他："那你是不是考试的时候也会有类似的感觉？"

小松说："没错！每次都是马上要进考场了，我就想拉肚子，老师都无奈了。"

验证了我的猜测后，我继续问："有头疼、呕吐或者频繁打嗝、放屁的情况吗？"

小松挠挠头说："婷婷老师，您是怎么知道的？我一开始系统复习，就胃胀肚子胀，不是打嗝就是放屁，因为这我还总被说成'懒驴上磨屎尿多'。"

我问小松："这种情况是一直就有，还是最近才有，是从什么时候开始有的？"

小松似乎没有想过这个问题，突然听到我这样问，眨着眼睛使劲想了一阵，然后突然说："对了，应该是初一的第一次期中考试。那次考试，不知道是早上没吃舒服，还是路上喝风了，反正在考试前突然打嗝不止，而且越打嗝胃里越难受，最后我跑去厕所吐了才好。我记得好像就是从那次之后，一到复习时间我都会感觉胃不舒服、想吐。我爸妈怀疑是我的胃肠有什么问题，便带我去医院做了检查，可是也没检查出来有什么问题。对，应该是初一那次期中考试之后才出现这种情况的。"

我问小松："那初一那次期中考试之后，你考前这种肠胃不舒服的程度是一直没变，还是随着你渐渐长大，变得越来越严重了？"

小松叹了口气说："唉，越来越严重了。本来还只是考试当天不舒服，最近这一年好像发展到一开始复习就不舒服，甚至一想到要考试也会浑身不舒服。其实我特想学好，但有时候没考好觉得挺对不起父母的，他们一天到晚辛辛苦苦，我真很想考出好成绩来报答他们。考好了吧，皆大欢喜。一旦没考好，虽然我心里挺内疚，但只要他们一说我，即便我知道他们说得没错，我也会怼他们。婷婷老师，你说我是不是有病？"

小松摇了摇头，接着说："现在初三了，经常会做卷子做练习，每一次我都会特紧张，一紧张肠胃就更难受了，有时候难受得厉害了就请假不去上学了。我时常在纠结到底是我真的难受了才不去上学，还是我为了不去上学才觉得肠胃特别难受？唉，真是越长大需要考虑的就越多，责任越大，越不快乐……"

我问小松："你是说你现在上学有时候会感到压力，所以快乐感在减少吗？但是在这种情况下你仍然可以做到每天回家先完成作业，再玩游戏？"

小松两只手互相抠得更厉害了，脸也有些涨红了，略带哭腔地说："婷婷老师，离中考越近我就越害怕。可是我又不能和谁说，因为说了也没用，别人肯定会说'大家不是都这样吗'。但是，考试的时候我能发挥成什么样，我心里真的一点底都没有。我知道我应该做到'考试前复习要重视，考试时要仔细'，然而，现实不是我知道就能做到呀！我现在能做的就是每天把作业写完，也算是给周围人一个交代了吧。婷婷老师，我害怕，我真的害怕！"

说到这里，小松又习惯性地把手放到了嘴边开始啃指甲了。我知道这个行为说明，孩子终于说出了自己内心深处一直隐藏和压抑的情绪。

小松的成绩虽然是到了初三才开始大起大落的，但是这个问题的根源不在于初三，不在于学习压力，也不在于家长的期待。其实小松的所有状况，都属于青春期焦虑的躯体化表现。

当出现这些躯体化症状的时候，说明小松的焦虑已经累积到一定程度了。如何帮助小松化解这些情绪呢？小松的一个问题提醒了我。

小松问："有时候我觉得我的声音特别娘……怎么说呢？就是那种很细很高的声音。按说我变声期也过了，不应该是低沉的男声么……婷婷老师，您觉得呢？我觉得我现在的声音就挺娘的，但有时候又挺正常、挺爷们儿的。"

● 婷婷的心理会客厅　　青春期焦虑症

随着第二性征的出现，个体对自己在体态、生理和心理等方面的变化，会产生一种神秘感，甚至不知所措。诸如女孩由于乳房发育而不敢挺胸、因月经初潮而紧张不安；男孩出现性冲动、遗精、手淫后的追悔自责等，这些都将对青少年的心理、情绪及行为带来很大的影响。

往往由于好奇和不理解会出现恐惧、紧张、羞涩、孤独、自卑和烦恼等情绪反应，还可能伴有头晕头痛、失眠多梦、眩晕乏力、口干厌食、心慌气促、神经过敏、情绪不稳、体重下降和焦虑不安等症状。

患者常因此长期辗转于内科、神经科求诊，而经反复检查并没有发现任何器质性病变，这类病症在精神科常被诊断为青春期焦虑症。

这种无明显原因的恐惧、紧张发作，并伴有植物神经功能障碍和运动性紧张，临床上可分为急性焦虑发作和广泛性焦虑症两种类型。发病于青壮年期，男女两性发病率无明显差异。这种情绪障碍往往包含三组症状：

→躯体症状：患者紧张的同时往往会伴有自主神经功能亢进的表现，如心慌、气短、口干、出汗、颤抖、面色潮红等，有时还会有濒死感，心里难受极了，觉得自己就要死掉了，严重时还会有失控感。

→情绪症状：患者感觉自己处于一种紧张不安、提心吊胆、恐惧、害怕、忧虑的内心体验中。紧张害怕什么呢？有些人可能会明确说出害怕的对象，也有些人可能说不清楚害怕什么，但就是觉得害怕。

→神经运动性不安。坐立不安、心神不定、搓手顿足、小动作增多、注意力无法集中、自己也不知道为什么会如此惶恐不安。

● 抑郁焦虑情绪也会影响一个人的声音吗？

在我听来，小松的声音最多就是温柔细语的男声，要说很细很高，我确实没有感觉。

这时，我身边有很强的音乐专业训练功底的咨询师彬彬给小松解释道："从发声原理上讲，想发出又细又高的声音，需要声带处于紧张的状态。而我们在刚刚睡醒的时候，声音会相对低沉一些。因为经过了一夜的休息，声带处于放松的状态。这也就是为什么学习声乐或者唱京剧的人早上起来要吊嗓子练声，就是为了让自己的声带保持一个兴奋紧张的状态。

"但像你刚刚所说的这种情况，既不存在'吊嗓子练声'的需要，更不存在特意为了让自己发出高音来保持声带的紧张状态。那为什么你还会出现这样的状况呢？

"唯一的原因就是：紧张！为什么这么说呢？让我来举个例子。在我的视唱练耳课上，老师曾经讲过，在唱谱子的时候你越紧张就会唱得越高，最后终止音高一定会高于标准音高。相反，你越放松，越不认真，就会越唱越低，最后终止音会低于标准音高。

"所以，当你发现自己在正常音量说话时，声音突然开始变细变高，就意味着你的情绪状态不够好了。这时，你需要去做一些让自己放松的事情来缓解压力，以免焦虑情绪堆积后发生更严重的躯体反应。当你每一次都能及时处理心理压力，这些压力自然就无法累积成为让你考场发挥失常的力量。"

一周之后，也就是下一次做心理咨询的时候，小松开心地告诉我，这种方法确实很有效。当听到自己的声音开始变细的时候，他会立刻告诉自己"我现在有一点紧张"。然后，他会去我的微信视频号上听一些催眠音频，让自己放松下来。

但是，他在咨询的时候也会疑惑地问我："婷婷老师，这种方式确实能够有效地觉察情绪，并且能够平复情绪，但看起来也只是发生在生活的细枝末节中。我现在最害怕的中考，该怎么办呢？"

我告诉他："别着急，我们一点一点来做训练，训练你的情绪从紧张到平稳的转换速度。如果你的切换速度足够快，就不用担心你考试紧张了。因为即使你进考场前紧张，下一秒钟如果能够平复下来，照样不会影响你考试发挥的。"

小松想了想说："对，您说得有道理。但是怎么达到呢？怎么才能训练出来呢？我也不能每次上考场，不顾着考试只顾着情绪训练呀。"

我说："你说得对，咱们当然得把功夫下到平时啦。怎么做到我现在先不告诉你，你脑子里装着学习的知识点已经够多了，等到合适的时候我会把原理讲给你听的。这次回去之后，你继续做这个练习，即一听到声音变细，马上做放松练习。下周你来做咨询的时候，告诉我效果哦。"

到了再下一周的时候，我还没问，小松就兴奋地说："婷婷老师，太神奇了，我这周按照您说的继续做练习，突然发现玩游戏到了最后的关键时刻，我竟然没有像往常一样出现剧烈的腹痛甚至腹泻的症状！"

我告诉小松："你继续回家做我留给你的作业，咱们看看还会发生什么。"

就这样经过了几周的时间，到了小松月考的那一天，小松考完都没能等到预约好的咨询时间，就和心理管家汇报说："太棒了，这次考前复习和考试过程中，我都没有肠胃不适的感觉！我这次身体很舒服，大脑也很清楚，这次应该考得还不错！"

不仅如此，小松在咨询中见到我时说："婷婷老师，您之前只是让我练习听到声音变尖了就做放松的练习，但后来我发现，我的身体逐渐形成了一种自动调节机制，即使在打游戏最紧张的时候，我都能放松下来。再后来，我竟然连复习也不紧张了。进考场时，我多少还是有些紧张，但是在深吸了几口气之后，我就能镇静下来了。您当初说得真对！这是不是就是蝴蝶效应？"

我欣慰地看着小松，心想：这小伙子的悟性不错，没白费我这一番心思。我告诉他："你分析得很对，这个原理在心理学上叫作'泛化'。"

●婷婷的心理会客厅　泛化

当某一反应与某种刺激形成条件联系后，这一反应也会与其他类似的刺激形成某种程度的条件联系，这一过程称为泛化。在心理咨询中所谓泛化指的是：引起求助者不良的心理和行为反应的刺激事件不再是最初的事件，同最初刺激事件相类似、相关联的事件（已经泛化），甚至同最初刺激事件不类似、无关联的事件（完全泛化），也能引起这些心理和行为反应（症状表现）。

● 面对抑郁，你可以做些什么？

其实在小松的整个症状暴露以及后面的分析和调节过程，这就是一个典型的青春期焦虑抑郁的分析和治疗过程。那么，在这个过程中，最关键的是哪一步？第一步：觉察！这个觉察可以是自我觉察，也可以是旁观者觉察。

这也是我在第一章的最后一篇文章情绪管理工具中提供的"情绪词典"的用意。复盘小松的焦虑和抑郁症状的积累过程，其实可以看到这是一个用了将近三年时间的连续积累过程。如果在初一那次考试前的呕吐，孩子就能敏感地觉察出情绪的波动，或是在后来频繁的肠胃不适且去医院检查无果的情况下，周围人能及时地考虑到有心因性的可能，那么孩子也不至于在这三年间受这么多罪。

幸好小松的老师找家长聊了这件事情，幸好小松的家长主动带着小松来约心理咨询和催眠调节，才有了对症下药的调节过程。想一想，如果没有来做专业的心理咨询去定位问题和解决问题，而是像最初来做咨询时所有人认为小松的问题就是"考试前复习要重视,考试时要仔细",那无论怎么在解决这个问题上使劲,都不会有效果。

自我觉察

提高自我察觉能力,是可以及时避免一些突发或剧烈的情绪波动的,以免最后发展到无法挽回的阶段。

如何觉察?最简单的方式,就是看一个人是否出现了心理疾病躯体化的各种症状及其衍生症状。如果你一时记不起来,你只需记住一点:如果发生了身体不适,去医院检查却没有任何器质性问题,那么就应怀疑是心因性疾病,需要约一位心理咨询师来做分析和判断。

经过判断后,如果确实是得了抑郁症,那么就需要经过一系列如下步骤的治疗、调整和改善。

心理治疗

抑郁症患者在通过药物治疗稳定状态、控制住病情之后,可以进行心理咨询,使得心理和情绪状态得到有效的改善和恢复。

身体的感冒,可以通过锻炼身体来抵抗;情绪心灵的感冒,也可以在心理咨询师的陪伴下,提高情绪的调控能力,改变不良的思维模式,让病情得到更好的恢复。

药物治疗

不同抗抑郁的药物对不同人的效果不同,患者可能需要尝试不同的药物组合来达到最好的效果。

精神类药物,通常需要足量、足疗程。医生会要求患者每两周(或是四周)来医院复诊一次,通常会至少持续六个月,甚至更长的时间。同时,服用任何一种新的精神类药物的时候也会带有一定的副作用,前面我们也提到了,身体需要7~14天时间来适应。

对于重度抑郁症,以及产生了耐药性或对药物接受不良的轻、中度抑郁患者，还会采取电击疗法和经颅磁治疗，最大限度地减少重度抑郁症患者的自杀、自伤倾向。

我们理解很多患者想要痊愈的焦急心理，很多人会在他们自以为"病情好转"的时候或者因为担心药物的依赖，自行偷偷减药量，少吃甚至不吃。但擅自减药的后果只会延误病情，甚至带来不可挽回的伤害。

▎改变生活方式

健康的生活方式也能缓解一些抑郁障碍带来的痛苦。

适度锻炼，例如步行、慢跑、跳舞和练瑜伽，可以改善躯体战胜痛苦的能力，减轻压力，提高自尊，提高睡眠质量。

健康进食，是保持健康的关键。食用蔬菜、水果、低脂肪蛋白的餐食，提供足够的营养，可帮助抵消治疗的副作用。

培养兴趣爱好，及时肯定自己，简化生活方式，也是帮助抑郁症患者稳定情绪的途径。

▎社会支持

在抑郁症治疗过程中，家人的参与和陪伴，可以使治疗事半功倍，需要做到：密切观察病情变化，监督患者按时服药，营造有爱、和睦的家庭氛围，给患者足够的支持。

同时，在抑郁症的治疗中，一定要做好自己和周围人的期望管理。要明确抑郁症是精神感冒，不存在"得过一次，终身免疫"的说法。抑郁症的调节通常为了达到三个目标：

→缓解抑郁症状：最大限度减少抑郁造成的病残率和自杀率；

→提高生存生活质量：恢复社会功能；

→预防复发：通过药物、心理等多种方式，减少复发，尤其对于容易患病的危险人群。

我们不是要消灭抑郁情绪，而是要学会和它们和谐相处。毕竟人需要有七情六欲，而适当的抑郁情绪能够帮助我们慢下来，让我们的身体等一等我们的灵魂。

情绪管理 | 他是怎么用"情绪流程图",解开了考试前必发烧的心结的?

正在上高二的豆丁,每次考试前必发烧。有一次,我被他们学校邀请做心理大讲堂。

豆丁在听完讲座之后,立刻在我微信公众号的后台联系到了我的心理管家,预约我的心理咨询。他说:"婷婷老师,我每到考试前肯定会发烧,不知道是不是情绪问题引起的。生病太耽误复习了,我想让您帮我判断并调节一下。"

见到豆丁,我的第一感觉是:这个男孩子长得太单薄了!当时正值隆冬时节,看到他如此瘦小的身板,我都担心他一会儿回家会被大风吹倒。

豆丁坐定后,对我说:"婷婷老师,我从上初中开始,但凡比较重要的考试,比如期中考、期末考、一模、二模等前夕,我肯定会发烧。因为我从小身体就不太好、总是生病,所以当时也没太当回事。医生也曾建议我找心理咨询师看看。但我一直也没当回事。但那天您给我们做讲座的时候提到心理疾病躯体化的发生发展规律,我觉得很多症状我都符合。所以,我想让您帮我判断和调节一下。"

接着,豆丁便开始历数他小时候的生病、看病史。听完,我立刻便理解了高二的男孩子长得那么瘦小的原因了。

豆丁说:"婷婷老师,我从小就是过敏体质,后来大一些就有了抽动症。一开始,我的每一次抽动都是因为过敏食物导致——起码当时我父母是这样认为的。因为我一旦吃了那些让我过敏的食品或药品,就会加重我的抽动!而且我的嗓子还会不自觉地发出很大的声音!

"大大小小的医院,我看了不少,当时医生们都感到奇怪的是:查过敏原的结果总是显示我的各项过敏值都不是很高,但就是没有好转的迹象。而且我的过敏还有一个特点,就是会便秘——当然,'过敏会伤害肠道'也是我父母当时的看法。

"小时候家里光是带我看病,就不知道花了多少钱,除了吃药外,推拿、针灸我都试过,但就是不见好。

"人家都说人到了青春期,会时而焦虑,时而抑郁。婷婷老师不瞒您说,我觉得我是家里病得最轻的那个,我觉得我的家人们都焦虑抑郁得特别厉害!他们经常会崩溃!大概也是因为家里有我这样一个孩子,让全家人都很焦虑,他们也因此经常吵架!

"好在后来我虽然上的是寄宿制的初中,不知道是因为长大了体质变好了,还是终于可以不用每天在家被他们管控、听他们吵架了,反正我的过敏、胃疼、呕吐、抽动、便秘的症状在没有做任何治疗的情况下缓解了很多。

"唯独每年必发烧的时刻,就是在重要的考试之前。特别是上了高中之后,我发烧的持续时间要比初中的时候长了一些,但每次都是那么几天,我觉得太奇怪了。要是只发烧我也忍了,我发现自从上了高二开始,每次发烧的时候,我又开始胃疼和呕吐了。这和我小时候家里一吵架,我就胃疼呕吐的感觉一模一样。这可真把我吓坏了,该不会接下来我的抽动症也会再犯吧?

"我这种情况如果真的如您所说,是因为心理和情绪问题导致的,就想请您赶紧帮我调节一下。我这马上就要上高三了,可不能让情绪问题影响我的高考。要说这么多年我家里人为了我付出了太多,我真的特别希望自己能考上好大学,让他们高兴高兴,也算是对他们这么多年对我付出的一点回报吧!"

● 婷婷的心理会客厅 抽动症

儿童抽动症又称抽动—秽语综合征，是一种以多发性不自主地抽动、语言或行为障碍为特征的综合征。其通常在3~15岁发病，男性比女性的发病率高。

儿童抽动症通常分为三大类：运动型抽动、发声型抽动、秽语型抽动。

→运动型抽动：指头面部、颈肩、躯干及四肢肌肉不自主、突发、快速收缩运动，表现出来就是眨眼、蹙额、咧嘴、缩鼻、伸舌、张口、摇头、点头、伸脖、耸肩、挺胸等动作。

→发声型抽动：实际上是喉部肌肉抽动，当这些部位的肌肉收缩抽动时就会发出声音，简单的如"喔、噢、啊"等，也可表现为清嗓、咳嗽、吸鼻、吐痰、犬吠等声音。

→秽语型抽动：控制不了的骂人、吐口水、学动物叫等。

儿童抽动症很容易被误诊，而且病情时好时坏，缓慢进行性发展。平时表现为非常娇气，在情绪紧张、天气凉、精神疲劳、腹泻、看电视的时候会加重，入睡以后消失。通常家长发现此类症状后，会带着孩子去医院的耳鼻喉科就诊。如果医生对此病不熟悉，容易被多种多样的症状所迷惑，故而会将喉肌抽动所导致的干咳误诊为慢性咽炎、气管炎；将眨眼、皱眉误诊为眼结膜炎等。

儿童抽动症的病因有如下几种：

→感染因素：上呼吸道感染、扁桃体炎、腮腺炎、鼻炎、咽炎、水痘、各型脑炎、病毒性肝炎等，影响大脑发育、神经递质分泌，并且会造成锥体外系疾病；

→精神因素：惊吓、情绪激动、忧伤、看小说及刺激性的电视节目等；

> →家庭因素：父母关系紧张、离异、训斥或打骂孩子等；
> →环境因素：经常受同学欺负，多处于嘈杂、烦闷的环境；
> →心理因素：典型强迫症、闭锁心理，过于活跃、过激等。

根据豆丁的描述，我们可以很明确地总结出以下几点：

→豆丁的过敏、胃疼、呕吐、发烧、抽动、便秘等所谓的"疾病"，在他反复在医院里做检查的时候，都没有检查出太明确的发病原因，这说明他并没有明确的生理上的器质性问题，所以可以判断大概率是因心理问题引起的。

→根据豆丁的描述，无论是他胃疼呕吐，还是发烧抽动，都是在情绪波动比较大的情况下发生的。而且情绪一有缓解，疾病的症状就会消失，由此可以推断这就是心理疾病躯体化。

→从豆丁的描述中可以感受到，在他上中学之前，他的家庭环境和学习氛围都没有那么宽松。一个孩子总是处在一个焦虑、紧张、压抑的环境中，是很容易被环境影响而变得焦虑抑郁的。这种焦虑抑郁没有得到及时缓解，加之周围环境的刺激，引发了情绪性的抽动、胃疼、呕吐、发烧等症状。而当孩子不仅出现了运动型抽动，而且也还出现了发声型抽动后，被同学模仿和嘲笑、被老师责备，故而引发了更大的情绪问题，产生社交障碍和装病不想上学的厌学情绪。所以，这一步一步的情绪积累过程，是导致病情反复发作的关键因素。

→豆丁上了初中以后，因为住校反而离开了家里那种让人很焦虑抑郁紧张的环境，并且因为初中的同学一个都不认识，是一个新的开始，反而让他的情绪放松了很多。因为情绪好了，故而因情绪引起的各种症状也随之得到了一定的缓解。但因为豆丁在成绩上对自己有要求，还给自己挺大的学习压力，所以，之前心理疾病躯体化的症状就又被激

> 活了，这也是每次在考试前出现没来由的发烧的原因。
>
> →豆丁上了高中之后，因为他对自己的要求进一步升级，心里的压力自然也是进一步升级。所以出现了之前焦虑抑郁时的多个症状：除了发烧外，还出现了胃疼和呕吐。按照这个发展趋势，如果不尽快帮助豆丁把情绪调整到一个合适的范围，一旦压力再次升级，很可能会激活之前出现过的其他心理疾病躯体化的症状，比如抽动、便秘等。

所以基于这些判断，面对马上要来临的考试周，我先是用催眠调节的方式，帮助豆丁释放掉一部分考前压力。果然前几次的催眠刚做完，这次考试前豆丁竟然没有任何躯体上的不适。接着，我又帮豆丁调节了几次，巩固考前复习和考试当中的情绪的稳定程度，结果那次豆丁考试的总成绩一下子比之前提高了62分！

在豆丁放假的那段时间，我们开始了第二个疗程的调节。第二个疗程是要帮他清理掉小时候就积累着的情绪垃圾，帮他把成长过程中压抑在心底的委屈、自卑、紧张、抑郁等情绪都疏导出来。

第二个疗程做完后，一向严肃的豆丁爸爸兴奋地对我说："婷婷老师，前几天我儿子突然对我笑了！是那种开心放肆的笑，而不是之前那种礼貌性的微笑！看到他的笑，我突然感觉自己很想哭，因为我太长时间没看到儿子这种发自内心地笑了。太好了，真是太好了！我能感觉到儿子在变好，真是太好了！"

● 婷婷的心理会客厅 | 快乐会让人更健康

有数据表明："幸福会直接影响我们的身体健康。"也就是说，快乐会让人更健康。

以"感染感冒病毒"为主题的研究表明，不论是通过生物样本检测鼻涕黏稠度和免疫蛋白水平，还是通过询问志愿者本人的感觉，快乐的人患感冒的概率比不那么快乐的人低50%。

快乐会让人更健康,并且这个结论是有生物学数据支持的。也就是说,虽然幸福快乐不能治愈重大疾病,但是它确实能增强人体的免疫力。

第二个疗程做完,我告诉豆丁:"现在你要学习评估和管理自己的情绪了。你的陈年情绪垃圾已经被我处理得差不多了,之后你每天仍然会有新的情绪垃圾,如果你放任这些情绪垃圾每天填埋进你的心里而不去处理,那么你又会重蹈覆辙。当你再次崩溃的时候,你确实可以再来找我帮你做调节,但是任何人都要学会自己给自己调节,这样才能过上由自己掌控的人生。

"你要学会评估你的情绪垃圾桶里现在有多少情绪垃圾,应该在什么时候、以什么样的方式去清理。所以,你要做一份自己的'情绪流程图',根据它来指导你进行情绪垃圾的清理,学习管理自己的情绪。"

其实,不仅是豆丁,我们每个人都需要了解自己的情绪、觉察自己的情绪和及时处理自己的消极情绪,否则就会出现在情绪累积的时候不闻不问,在情绪爆发的时候束手无策。制作"情绪流程图",其实就是一份针对情绪变化的应急预案,并且是个性化的,需要不断去实践、验证和迭代的。

那"情绪流程图"应该如何思考和制定呢?具体的细节和例子在我的7天线上情绪管理训练营里有,简单来说就是:

→第一步,规划自己的情绪打分体系,找到自己情绪变化的阈值区间;
→第二步,找到相应情绪分数区域里面有效的、可复用的调节情绪的方法。

具体来说,根据情绪变化的阈值区间来构建"情绪流程图"可以这样来设计:

规划情绪状态打分体系

每天睡觉前,给自己这一天的情绪状态打分:0分最低,它代表着你能想到的最差的情绪和最消极的状态；10分最高，它代表着你能想到的最嗨的情绪和最赞的状态。

如果对于如何分析情绪和如何打分有疑问，可以回到第一章复习"情绪词典"的相关知识。

▌构建"情绪流程图"

下面针对情绪各个分数段的应对和调节措施，都是针对"兰花型"的，如果您想了解"蒲公英型"的调节方法，可以听千聊微课7天线上情绪管理训练营或在知识星球App"婷婷的心理会客厅"搜索关键字"蒲公英"。

→如果情绪打分在8～10分，则可以用日常的运动、美食、看书、聚会等普通的情绪放松方式来调节；

→如果情绪打分在5～8分，则需要找专业的心理咨询师，来快速有效地调节自己的情绪。不要眼见着自己往消极负面的情绪深渊中滑落，头脑中还抱有虚幻的"没准哪天一睁眼，我就好了"的幻想；

→如果情绪打分在0～5分，除了找专业的心理咨询师外，还需要去医院的精神科，根据医嘱开具精神类的处方药。药物的介入，可以更快捷地稳定住状态。在状态平稳、可以正常思维和沟通的情况下，通过心理咨询师来舒缓心理的压力和情绪的困扰。当情绪进一步稳定后，才有可能把药物减量，甚至停药。

这个"情绪流程图"对于每个人来说，框架是相同的，但内容却是不同的。因为对你情绪力6分时的有效调节方法很可能不适用于别人，所以每个人都要去发现和归纳针对自己不同情绪力的有效方法。

特别要提醒的是：在使用"情绪流程图"的时候，要根据现在情绪力的分数来一级一级地提高，就像玩游戏打怪一样一步一步地晋级。当情绪力只是2分时，就要用0~3分的情绪力调节方法，而不要用3~6分的方法；等到情绪力提高到3分了之后，再开始使用3~6分中的方法。一步一步做，一点一点提高。

这一章学习到的这个提高情绪力的方法，是建立在前两章内容的基础上的。并且如果你想得到一个有效且多样化的"情绪流程图"，一定要有准确的情绪打分系统（第一章中的练习内容）和具备清晰的"情绪触发点"的分辨能力（第二章中的练习内容）。在此前提下，我们再用文章当中的案例，练习划分情绪变化的阈值区间、寻找有效的情绪力调节方法和构建"情绪流程图"。

"情绪流程图"总结

管理情绪，需要用理智来管理。通过3种情绪区间找到3种对应的行为模式。

1. 按照情绪分数划分情绪区间

6~10分，情绪良好，比较积极，理智占上风；

3~6分，情绪不太好，还可以挽救；

0~3分，情绪很糟糕，一路下滑，最终可能爆发。

其中，6分是情绪的触发点，理智能做出一定的控制，可以管理情绪。

2. 不同情绪区间对应的行为模式

6~10分，目标：直面情绪；行为：问自己3个问题，"发生了什么事情，出现了什么情绪，如何解决这个事情？"

3~6分，目标：缓解情绪；行为："5~0加深"自我催眠（"自我催眠"的音频可以在公众号"宋婷婷Vivian"中键入关键字"5~0加深"来获得）。

0~3分，目标：回避情绪；行为：对自己或者对方说一句话，"我现在情绪不太好，可不可以给我3分钟的时间来冷静一下"。（时间可以逐渐从10分钟，慢慢缩短到5分钟、3分钟……）

第四章

有过抑郁，对我生活会有什么影响？

看画读心 | 为什么我总觉得自己很差劲？

小霞是一个马上要面临职高毕业的姑娘，她找我做咨询的原因是觉得自己很难受，之前那种抑郁的感觉好像又要回来了。小霞说虽然她曾经抑郁过，但她一直都知道家里人对她的宽容，所以在她还做得到的时候，她一直在做一个乖乖女。她尽量按照家人的要求生活和求学，并且前一阵的毕业前实习，她也是按照家里的意思去做的。

但是，现在的小霞越来越不喜欢这种被安排的日子。她开始不想和自己的父母说话，甚至会故意找碴怼父母，但是怼完又会责备自己不懂事；对好朋友，张嘴就是尖酸刻薄的话，但是说完又会自我批评；对实习时的那份工作，更是觉得看不上、没意义，但是鄙视完又会觉得自己眼高手低。

小霞说："婷婷老师，我现在总是不开心、觉得自己很差劲，这种感觉太熟悉了，好像之前那种抑郁的感觉又要回来了，我怕它会对我找工作和之后的生活产生影响。我不喜欢以前的自己，更讨厌现在的自己。我该怎么办？"小霞沮丧地把头低了下去。

等小霞重新把头抬起来的时候，我对她说："咱们先来画一幅画，把你的话都画出来。"于是，小霞便画了下面这幅画。

第四章 有过抑郁，对我生活会有什么影响？

图5　小霞画的"房树人"

从图5中我们可以看出：

1. 画中的人物形象独居于画中一角，远离别的所有形象，即她潜意识中有意地与周围的一切事物拉开距离，并且有点享受给大家造成的未完成和慌乱迷茫的感觉。

——看到这个我心里一惊，逃避是抑郁症患者的一个典型的反应模式。当画当中出现这种潜意识的表达方式的时候，确实说明小霞的抑郁症有卷土重来之势，好在目前她还有一份小小的恶作剧的心，而不是一副躺平的状态。所以，一切都还来得及。当时我就下定决心，要和时间赛跑，把小霞从抑郁症复发的龙卷风中拉回来。

2. 画中人物形象虽然面带笑容，但双手摊开呈无奈状，且背后有一个影子，即潜意识中虽已经厌恶之前一直以乖巧的形象示人，但现在又找不到自己处事的位置和态度，所以这种不喜欢自己又不知道自己是谁的感觉，让她无法面对这个世界。

——看到这儿我明白了，按照我的经验，小霞之前应该没有经历过青春期叛逆。因为她太过乖巧懂事，所以青春期叛逆被严重地压抑了。而这种压抑的结果，不是把青春期叛逆消除了，而是让它滞后发生，而滞后的结果是威力和程度会比以前更加强大。这也是为什么小霞会按照家长的意思去实习，突然在最后的找工作中开始寻找自我。画面中的人物双手摊开，面带笑

133

容，背后阴影的头上长角，无一不是在宣誓自己迟到的主权，彰显带有破坏性的自我！

3. 画中的房子的侧面角度以及地上的那把插着的锄头，都是未完成和拒绝沟通的态度，即潜意识中她在用惩罚家人的方式来惩罚自己，用拒绝沟通来拒绝面对真实的自己。

——在我的经验中，如果一个孩子用拒绝沟通来面对真实的自己，那只能说明一件事：她背后的家长太能说了，说出来的道理都是一套一套不容反驳的。所以给孩子造成的影响就是：只要家长一开口说话，我就是没有道理的。这也是为什么孩子只有不听家长说话，才能找到自己的道理。与此同时，她也知道蛮横地拒绝家长会让家长受伤。所以，她在找到自我但会伤害家长与丧失自我却满足家长的两个极端里摇摆撕扯。而正是这种精神内耗造成了孩子的沮丧和焦虑，让孩子有抑郁症复发的可能性。

看完这幅画，我马上让孩子做两手准备，一是准备好自己之前看抑郁症的病历本，万一有所恶化，第一时间去看病拿药；二是在接下来的几天时间里，每天来做心理咨询和催眠调节，以防止抑郁症的复发，并且让自己平稳有效地度过滞后的青春期叛逆。

之所以我特别要求小霞在第一个疗程中每天来做调节，是因为读者可能已经看出来了，小霞作画的时候是处于一个分裂的状态的：用微笑来表达伤心，用伤害来回馈友好。如果不及时干预，她很有可能恶化到双相情感障碍或精神分裂症，而这两种病症是比单纯的抑郁症还要复杂和凶险的疾病。

好在小霞当时正处于职高而不是初三，她可以在不耽误毕业进度的情况下，还能有比较充足的时间来做调节。最终，小霞度过了抑郁复发前的危险期、严重滞后的青春叛逆期。三个疗程做完后，小霞顺利地拿到了毕业证，并开始工作了。那之后我还见过小霞一次，那时的她已经是一个广告公司的团队领导了，标准的白领、骨干、精英！

第四章　有过抑郁，对我生活会有什么影响？

"看画读心"总结

- 人物形象居于角落：自我封闭、自我隔离
- 人物的双手摊开：无奈、委屈、想要放弃的前兆
- 画面中有锄头、刀子等利器：想要惩罚、想要报复或伤害

画一画

请以《下雨天》为题，画一幅画。

他对你说想"自杀",怎样干预最有效?

有一项调查数据显示,自杀在中国人死亡原因中居第5位,15~35岁年龄段的青壮年中,自杀列死因首位。

在全球,自杀是导致15~19岁青少年死亡的五大原因之一。

来看看网上曝出的2021年前五个月里的一组数据:

→1月23日,陕西西安,一名女生因换座位被老师拒绝从四楼一跃而下;

→1月27日,河北邯郸,一名高三学生因请假未果从学校四楼跳楼身亡;

→3月29日,广东惠州,一名学生从教学楼5楼坠楼身亡;

→4月8日,江苏南京,一名女博士跳楼身亡;

→4月13日,吉林长春,一名15岁女学生跳楼轻生;

→4月15日,河南信阳,一名高二男生跳楼,经抢救无效死亡;

→4月21日,湖南长沙,硕士研究生黄某某坠楼身亡;

→5月9日,成都某中学学生从教学楼一跃而下,结束了自己短暂的生命;

→5月13日，湖北，一名14岁女生跳楼，经抢救无效身亡；

→5月28日，呼和浩特，一名五年级学生在卫生间自杀身亡。

仅仅五个月的时间就发生了十起学生自杀的案例，然而现实可能比曝出来的更残酷。其中，包含中学生、研究生、博士生……

● **是不是一个人把"我想死"说出来，那他就不会真的去死了？**

我在最近这几年的心理咨询和催眠调节所接触到的个案类型中，接触到的学生们的危机干预越来越多。这些危机干预中，不同点是有的症状是疑似厌学，有的是疑似抑郁，有的是疑似外向型自闭症；而相同点是学生们都说"不想活了""活着一点意思都没有"！

当在给在校学生、老师家长、电视台等做危机干预的讲座时，我都会被问到同样的一个问题："如果我朋友/同学/孩子声称'我要自杀'，只要他能够说出来，是不是就意味着他实际上不会去自杀？我就不需要太紧张？"

其实，这个结论并不成立。

试想一下，当年我们谈恋爱，想要和对方分手。有的人会悄无声息地在对方的世界里消失，而有的人则会在跟对方说清楚后义无反顾地分手。

所以，我们没有办法通过一个人到底有没有提出分手来判断对方是不是真的要分手。同理，我们也无法从一个人是不是说出了"我要自杀"这句话来判断他是不是真的要自杀！

那怎么办呢？把每一句"我不想活了"都认真对待。也就是说，如果一个人说了"我要自杀"，那么就当作他真的要自杀来干预。

怎么干预呢？

劝他不要自杀？

告诉他人生还很美好？

向他展示家人对他的爱？

其实，这些对于青春期的孩子都不管用，并且可能会起到反作用！

因为青春期的孩子，最大的特点就是"逆反"！就算他可能并没有真的准备自杀，如果你这样劝他，反而有可能激起他的逆反情绪，冲动之下去自杀！

● **正确的干预做法以及孩子的心理变化**

在听到别人说"我想死"的时候，正确的做法是不要试图劝说孩子，而是要顺着孩子的想法聊聊关于死亡的话题。

在讨论的过程中，其实孩子的心理状态会发生如下变化：

→他的逆反渐渐消退了！你并没有阻止他的自杀想法，反而一直在顺着他的思路说，他便没有锚点来逆反。

→他的情绪化渐渐消退了！很多孩子都是在激动的情绪下才冲动自杀的，而当你不再劝阻他、不再安慰他的时候，他的情绪也不会继续波动下去。所以，情绪和冲动就逐渐减弱了！

→他的理性渐渐回来了！当你开始理性地谈论一件事，也是在调动孩子的逻辑思维能力。当逻辑思维一开始工作，理智就回来了！任何人最原始的需求，都是求生本能。所以，当一个人有理智的时候，是不会寻死觅活的！

所以，通过顺毛儿捋可以最大限度地避免冲动自杀，让理性回到孩子身上，从而挽救其生命！

● **为什么青春期这个年龄段，更容易产生冲动自杀的念头和行为？**

很多孩子怎么都搞不明白，为什么在上学的时候，虽然学习压力很大，但是对一部分人来说尚能较好地体会到快乐和幸福。而等到放假了，学习压力相对减轻，家长的控制相对减少，社会环境相对宽松了，却有更多的人感觉不到开学时的那种轻松和快乐了呢？这就造成了上学的时候有学习压力，而放假了心理状态也没有得到舒缓。疲劳作战之下，很多人容易有放弃学习、放弃努力，甚至放弃生命的念头和行为。

其实，学习的时候紧绷，休息的时候绷紧，这种看似"不会劳逸结合，净想些没用的"表现，却是和孩子的认知发育和心理发育的规律相关联的。想搞清楚为什么青春期时"总爱瞎想""总觉得责任太重"，就要先搞清楚，这一年龄发展阶段的主要特征。

> **开始摆脱那种肤浅的、表面的、对外界及对自我的认识，自我意识开始成熟起来，并且自我同一性已经确立起来**

这个时期，孩子们对自己的内部世界很关注，对"我"和"本质"的关心日益强烈。并且，因为这些认知上的变化，促进了对"本来的我"的追求意识。

所以，他们会经常思考一些很深奥的问题，如"我是谁""我想要做什么""我想成为什么样的人"之类的问题。

思考这类问题本身，对人的发展是很有建设性的。但是在整个思考的过程中，如果受到负面信息和负面情绪的影响太多，就容易造成对自我的全面否定，乃至最终放弃自我。

比如，我曾经做过一个抑郁中学生的心理咨询和催眠调节案例。他之所以会抑郁、厌学，就是因为他觉得自己上课的效率不高。细问下来，其实他在休学前，上课是可以认真听讲的，并且他可以理解课堂内容、按时完成作业、顺利通过考试。

但是，他总觉得自己应该在理解课堂内容的同时，思考一些更深入的问题。他追求的是对课堂知识的深度理解和触类旁通。但是，当发觉自己做不到理想中的学习状态时，他就开始拒绝上课。其实在我看来，他并不是在拒绝学习，而是在拒绝成为那个不完美的自己。

这一切问题的根源在于，他执着地认为："理想的我"就应该是"能够深入理解学习内容"的。他忽视掉这个"理想的我"其实并不是组成"本来的我"的必备品。做不到这一点，不代表他就要完全弃自我、厌学休学。

人生观和价值观开始形成，并逐渐稳定

人生观，其实并不是一种单一的认知结果，而是以人生目的为核心，包括人生的态度、对人生的评价、对人生的情感、对人生的意志等内容的个体人格的总和。所以，在人生观逐渐形成的过程中，孩子们需要不断地做"整合"工作。整合自己的所有认知片段，把相互矛盾的观点，互相打磨，作出取舍。

价值观，是指个体以自己的需要为基础，对事物的重要性进行评价时，所持有的内部尺度。所以，作为价值观形成的前提就是要明确自己的需要，然后用"自己的需要"来作为标准。对于满足主体需要的事物，才能说它是有价值的。

很多孩子在青春期之前都是听凭父母的安排。而进入青春期之后，根本不知道什么是"自己的需要"，所以中学时期的迷茫在所难免。

开始学会深入体验人际关系的内涵，并已熟练掌握与人交往的艺术

在青春期的寻找自我和建立边界的过程当中，孩子更多地体会到社会交往，而不是以前小学阶段的同学交往。

在青春期成长的过程中，需要处理的关系更加复杂、细微，所以孩子需要让自己的交往方式由单一逐渐发展成多样化。在这个发展过程中，他们可能会觉得有些不适应、有些累。

这个时期会很明显表现出心理的两极性：意志与行动的两极性，人际关系的两极性。

很多处于青春期的孩子，在人际交往中表现出很明显的两极性：闭锁性和开放性。对朋友无话不谈，这就是"开放性"；对父母一言不发，这就是"闭锁性"。

他们对很多人、很多事物都会采用两种极端的方式来对待。这种极端的方式在外人甚至他们自己看来，是矛盾的、纠结的、解释不清的。

这些矛盾反过来会暗示他们：你是矛盾的、不统一的。当孩子长期觉得自己处于矛盾思维中时，他会解释为"自己思路不清"，故而产生"我自己还没有准备好长大"的感觉。如果生理上的长大和社会责任的加重让他们无法拒绝成长的时候，他们就会退缩、逃跑和放弃自我。

上面总结和分析了一大堆，其实归结起来就是一句话："孩子们，请允许自己有暂时的混乱和矛盾，因为那是你成长的肥料。拥抱痛苦、拥抱长大，汲取你能够汲取到的所有积极的能量，享受成长的过程。What doesn't kill you makes you stronger！（那些杀不死你的，终将使你变得更强大！）"

陪孩子走出抑郁

与抑郁朋友聊天，最容易说错的两句话是什么？

当我们和抑郁的朋友聊天时，我们通常会说"想开点""高兴起来""很快就会好的"。但是，你有没有想过，你的朋友并不认为你是在安慰他，而是觉得你认为他是个病人，你在可怜他。

所以，怎么才能和抑郁的朋友建立起平等的沟通关系呢？专业的做法是要运用积极关注的技巧。

简单来说就是，不要把他当病人！

我曾经看过一个TED的抑郁症亲身经历者的演讲，这个演讲的题目是《一个抑郁的喜剧演员的自白》。这位演讲者的名字叫作Kevin Breel，19岁，高大帅气的一个美国男孩。

他说，他的世界当中有两个Kevin：一个Kevin是别人眼中的Kevin，而另一个是只有他自己看得见、只有他自己知道的Kevin。别人眼中的Kevin，是篮球队长，得到过学校各种荣誉，参加各种派对的无忧无虑、亲和力强、令人羡慕的Kevin。而自己知道的那个Kevin从不曾有过快乐，六年来，每天都在和抑郁症做斗争，甚至几年前曾打算吃药结束自己的生命。

Kevin的形象并不像我们通常认为的抑郁症患者的形象，他没有深居简出，没有与世隔绝，没有形容枯槁，而是显得十分春风得意、积极进取且他的朋友众多。尽管他的世界如此精彩，但是他孤独地与抑郁症奋斗了六年之久；尽管他身边的朋友和家人如此之多，与他的关系如此之亲密，他仍是一路走到了自杀的边缘。

所以，当我们与患有抑郁症的朋友沟通时，一定要把他当成有能力、有担当的正常人，而不是一个无助、软弱的病人！

● 面对抑郁朋友时，哪些话该说，哪些话不该说？

▍不要说："生病了？别担心，你还有我们呢！"

应该说："是的，你只能靠你自己！"

对于抑郁症患者来说，唯一不肯接受他得了抑郁症的事实的那个人，是他自己！所以想要治病、想要调节的第一步，就是让他接受他得了抑郁症。只有当他真正接受了这个事实之后，他才会开始考虑应对方案。

如果你一次次地说"还有我们呢……还有我们呢"，实际上是在把责任都揽到周围人身上，从而在不停地给他机会，让他逃避自己有病的事实。

他只要不承认自己有病，就不会配合治疗，治疗就不会有效果，就像我们通常说的"你无法叫醒一个装睡的人"！而当你说"是的，你只能靠你自己"的时候，你在明确地告诉他："你得病了！如果你不抛弃你自己，世界不会抛弃你！"

▍不要说："快吃药吧，吃了药，病就好了！"

应该说："是的，抑郁症是会周期性地发作的。这次找到了调节方法，下次才能缩短发作的时间。"

是的，抑郁症是会周期性地发作的，通常没有彻底治愈一说！但是抑郁症患者可以做到的是，找到有效的自我调节方式，在下一次进入抑郁状态后，能快速把自己调节到正常状态。

很多抑郁症患者在第一次得抑郁症的时候，通常会积极配合治疗，他们坚信要把病治好！所以，当抑郁症复发时，他们的精神就完全崩溃了，不肯吃药和治疗。他们觉得上一次不是已经把病治好了吗，怎么又复发了？我是不是就治不好了？就算再一次治好后，还会复发吧？那还治疗什么呢？

随着复发次数的增加，抑郁症患者会觉得自己越来越没救了。

所以，在第一次抑郁症发作的时候，我们就要告诉他们"抑郁症当然会复发，就像一辈子会得很多次感冒一样（抑郁症本身就是一个精神感冒）"。这一次感冒是为了能更好地总结经验，更好地应对下一次感冒。并且在这一次感冒的过程中，找到适合自己的迅速痊愈的方法，使得下一次感冒的程度能够有所减轻、持续时间能够有所缩短——抑郁症也一样。

● **抑郁症很普遍吗？**

抑郁症是精神科自杀率最高的疾病。全球范围内，每隔30秒钟就有1位抑郁症患者选择用自杀的方式来结束自己的生命。

我国15岁以上的人口中，各类精神疾病患者人数已超过1亿人。抑郁患者门诊量每年增加20%，3 000多万儿童存在心理行为障碍。

而具体到抑郁症这个我们都不陌生的病症，数据又是怎样呢？

全世界患有抑郁症的人数在不断增长，据世界卫生组织统计，全球约有3.5亿抑郁症患者。目前，抑郁症已经成为仅次于心脏病的人类第二大疾患，抑郁症已成为"21世纪人类的主要杀手"。

但其实，除了抑郁症外，这些年在我做心理咨询和催眠调节的过程中，看到了越来越多的因为没有及时就医或治疗而被耽误的焦虑症、双相情感障碍、暴食症，甚至是精神分裂症的患者。

很多人优先选择做心理咨询和催眠调节而不愿去医院，无非有下列几个原因：

→不知道该去看西医还是中医；

→不知道精神类病症就诊的流程；

→不知道该如何描述自己（或家属）的状态和情绪；

→害怕吃药后产生的副作用和依赖性

……

● **如何选医院？**

如果亲戚、朋友、同学中有罹患抑郁症的，除了希望能够接受心理咨询师的专业帮助外，还希望能够去医院确诊，那该如何选择医院呢？

很多人会过度迷信专科医院，所以一旦出现精神类和心理类症状，一定会去权威的专科医院就诊。但是，作为一个专业的心理咨询师，我要告诉大家的是，心理类疾病也分为急性发病和慢性发病。

对于心理类疾病的急性发病，如惊恐发作，也就是在身体其实没有任何问题的情况下，感觉自己喘不上来气、感觉自己出现了心梗的症状，甚至产生了濒死感，最重要的是要争分夺秒缓解症状。这时，应该优先选择最近的综合医院的精神科或心理科就诊，而不要执着于必须去专科医院，以免延误治疗的最佳时间。

● **医院会做什么检查？**

每个医院的检查流程不尽相同，所以下面描述的检查，如果有一些医院没有做，也是正常的。

如果是首次就诊，医院通常会进行生理检查（抽血、核磁共振等），如果已经出现了因为情绪问题引起的生理症状（如出现了心脏疼、肠胃疼、头疼等），也会进行有针对性的检查；然后会做相关的心理测评问卷；再则精神科医生会约面谈；最后精神科医生会根据生理检查、测评问卷和面谈结果，做出一个综合的诊断，并开具相关的治疗药物。

● **如何解读各项检查结果？**

各项生理检查的结果是告诉你之所以有情绪、状态甚至是躯体的不适，到底是由生理原因引起的，还是纯粹由心理原因引起的。比如，我有一个焦虑症患者，经常有肠胃疼痛，甚至呕吐的症状。在做过胃镜、肠镜之后，确认她的肠胃没有任何问题，因此可以确认她所经历的肠胃疼痛和呕吐，都是由于焦虑这个心理问题引起的。

心理测评问卷的结果是告诉你，你的心理状态在大部分人的平均水平当中是处于正常还是不正常的水平；如果不正常，是有多不正常。不过对于心理测评问卷结果，其可信度在很大程度上依赖于答卷人员是否诚实作答。

虽然测评问卷的题目设计当中会有测谎题目，但这些题目对于一个故意要作假的人来讲，是可以欺骗问卷结果的。所以，得到可信结果的前提是诚实作答。换句话说，如果病人智商正常，并且不希望被检测出有抑郁、焦虑等心理问题，他可以欺骗作答，得到无抑郁、无焦虑，甚至无精神分裂症的问卷检测结果。

● 如何向医生描述症状？

根据上面的描述，生理检查只是排除生理上面是否有致病因素，而心理测评问卷则可以作假，所以和医生面谈的这个环节就显得很重要，因为这是各项检查当中，可以做出正确诊断的最后一个环节。所以，在给医生描述症状的时候，最重要的一点就是少说概括性的信息，多描述实际的细节。

因为概括性的信息，可能会传递错误的判断，甚至患者本人如果想蒙骗医生的话，是可以通过作假概括性的信息来蒙骗的。但是，实际的细节信息是最有说服力和可信度的，也是精神科医生来判断病症严重程度、开具合适药物的依据。

比如，有一个在我这里做心理咨询和催眠调节的抑郁症患者，她因为担心服用精神类药物后会对身体产生副作用，还害怕吃药后会产生依赖性，就只接受心理咨询和催眠治疗，而不接受去医院看精神科。但是，按照我的判断，她的症状得用吃药来配合心理调节，这才是最快速有效的方式。所以，在我和她的家人的共同的努力下，这位患者勉强同意去医院就诊。

但是在就诊的过程中，对于心理测评问卷，她没有如实回答。比如：题目问"会经常感觉到伤心、难过和其他的消极情绪吗？"她选择的答案是"从不"。在与医生面谈的过程中，她全用概括性的描述来进行回答。比如：我觉得我状态还好。对于陪同一起就诊的家人指出来的经常会不开心、睡不好觉这些现象，她一一用概括性的描述予以反驳。比如：我有时候晚上不容易入睡，但是考试前的人不都是会有轻微紧张和睡不好觉吗……所以，医生最后只给她开了一些安眠药，而没有开具能够缓解她抑郁情绪的药物。

当家人从医院出来，无奈地和我说起这些后，我叮嘱他们，一定要再去看医生，并且要描述细节，因为细节信息是无法编造的。所以，在第二次去就诊的时候，当列出大量的细节信息后（比如，把患者每晚都戴的手环上面记录睡眠时间的信息提供给医生），医生诊断出患者患有中度抑郁症，并开具了相应的药物。

● 作为抑郁患者的家属，会经历哪几个阶段的心理变化？

如果家人或朋友已经被确诊了抑郁症，并且正在接受治疗，抑郁患者的内心会发生变化，作为陪伴者的我们的内心一样也会发生变化。只有清楚地了解自己会发生什么变化，才能更好地调整我们的心态，从而更好地帮助患者适应他的状态。

作为抑郁患者的家人、朋友、恋人，在陪伴患者时会经历如下四个心理阶段。

▍第一阶段：困惑

这里的"困惑"是指不知道他怎么了，但总觉得哪里不太对。

当病人刚刚开始出现情绪和心理困扰的时候，家人通常无法在第一时间意识到病情的严重性，也就不会去医院看医生或者找心理咨询师咨询。但是，家人总会隐隐觉得患者和以前不太一样了，但具体哪里不一样又说不出来。

▍第二阶段：震惊

这里的"震惊"是知道他生病了，但无法接受这个事实。

随着时间的推移，患者心理疾病的症状越来越明显。家人在意识到病情的严重性和持续性后，开始带着病人去看心理医生或去医院就诊。在心理疾病被确诊后，家人总会有一种不真实感，觉得这些心理疾病不应该会发生在他身上。

第三阶段：沮丧

这里的"沮丧"是对于他的生病，第一次发现自己无论如何努力都帮不到他。

在逐渐接受了自己亲人的患病事实之后，家人开始积极努力地提供帮助。但是心理疾病一旦确诊，病程通常较长，而且病情容易反复。家人在长期反复努力却不见明显进步和效果的情况下会觉得十分沮丧。这时的家人会强烈地体会到无力感，看见亲人在受罪，但自己不知道该怎么做。

第四阶段：接受

这里的"接受"是在他接受帮助的时候帮助他，在他拒绝帮助的时候等待他

在找到专业的咨询师和医生帮助病人之后，家人能做的，就是积极配合和适时等待。在病人接受帮助的时候，帮助他；在病人拒绝帮助的时候，等待他。家人的这个做法会给他带来空间和尊重。这样，他和家人才能互相支持，等待康复。

因为抑郁症的一个最大的特征就是"拿不起，放不下"的不接受状态，所以不管是家人、朋友，还是患者本人，当出现了"接受"的心理状态之后，好转就开始发生了！

得过抑郁，我还能正常恋爱、求学、出国吗？

Steven，在我这里已经做了整整两年的心理咨询和催眠调节。一年52周，每周一次，每次两小时，风雨无阻！

到今天，他在我这里已经做了足足12 000分钟的心理咨询了！

但其实，他没有病！这个事实，我知道，他也知道！

得病的是他的女朋友，抑郁症，重度，五年前确诊的，至今已经复发四次！但是，他女朋友，拒绝吃药，拒绝接受心理调节，拒绝承认自己是个病人。

Steven和女朋友，已经交往了两年零一个月。在交往之初，女朋友就把自己的状况原原本本地告诉了Steven。那时，Steven觉得不就是抑郁吗，我可以给她关心、温暖，给她爱！

但是在交往一个月之后，Steven找到了我，痛苦地对我说："Vivian，我越来越爱她了！但是，我也越来越意识到她像个黑洞，总是能吸走我全部的能量！

"我不想放弃，我想要陪伴她，挽救她。

"我想请你来帮帮我！请你在我能量被耗尽的时候，帮我充电、给我力量！这样，我才可以再次回到她的身边，帮助她，温暖她，爱她！"

于是，在每个周五的固定的时间段，他都要来我这里，给心灵充电。这一来就来了两年。

到现在，我仍然记得他第一次来到我咨询室的样子。

那一天，他突然来到我的咨询室，和助理要求加一个加急预约，花多少钱都不重要，重要的是能够马上见到我。

他进门之后，一屁股坐在沙发上，把头深深地埋进了胳膊里，无奈地对我说："昨天，我工作了一天，回到家其实已经很累很累了。女朋友一看我这么累，就对我说，如果觉得困，可以先去休息。

"因为女朋友难得开开心心地刷剧，所以我想陪着她。中间实在困得不行了，我就打了个盹。结果……

"结果，我女朋友就怒了！她说明明她和我说了，困了就可以去休息，为什么困成这样都不和她说！问我为什么要瞒着她，为什么不能坦诚相待，为什么要骗她！

"这么一闹，她也没心思看电视了，转头就回卧室躺着去了。我呢，先去卧室哄了哄她，看她睡着了就回到客厅打了一会儿游戏，想缓解一下自己的情绪。结果……

"结果一盘游戏没打完，女朋友就冲到了客厅！她问我，为什么刚才陪她追剧就昏昏欲睡，而现在已经是大半夜了，还有精神和别人打游戏。说到激动的时候，竟然顺手抄起茶几上的水果刀，直接往自己的胳膊上划！

"当时的我被吓坏了！我第一次领教了当抑郁症患者情绪不稳定的时候能做出怎样极端的事情来！

"当彻底安抚好女朋友后，我感觉自己像被抽空了一样，惊讶、害怕、气馁、无奈、无助……就盼着今天能到您这里来，让您帮我'复活'一下！"

Steven，并不是唯一一个因为家里有抑郁症患者，在我这里做长期调节的人。他们自己没有病，但是他们的能量都在被家里有抑郁症的人加速消耗着。因为抑郁患者拒绝接受治疗，所以只能他们自己来接受调节。这样，他们在回家以后才能有满腔的热情去陪伴患有抑郁症的家人。

● "抑郁爱人"最典型的日常表现是什么？

▎和别人谈笑风生，对我冷若冰霜

抑郁症最大的特点就是"动力不足"，也就是觉得没有那么多力气和心思去互动、去经营、去生活。而抑郁爱人在工作和社交场景中不得不照顾别人的面子，勉强装作很放得开的样子。在和别人的谈笑风生中，其实已经耗尽了他所有的动力。回到家，他很容易出现"死水一潭"的表现。

比如：一个有"抑郁爱人"的客户对我说，他们每天晚上在家的日常就是：前一分钟，女朋友还有说有笑地和同事打着电话、聊着天；后一分钟，挂了电话的女朋友，立马面无表情地瘫在沙发上，一言不发。

▎脾气起伏不定，状态时好时坏

"抑郁爱人"都是超级敏感的，一点点细节都会引起他情绪的180度翻转。所以，你每天对他的陪伴都是小心翼翼、如临深渊、如履薄冰，前一秒钟还兴高采烈，而下一秒钟就可能鸡飞狗跳。

比如，一个有"抑郁爱人"的来访者告诉我，他的女朋友很喜欢去唱吧玩。那天晚上女朋友高兴，偏要去唱吧，找了半天，终于找到了一家。他让女朋友先唱，他去买零食。等到他买到女朋友喜欢吃的小零食返回唱吧时，才知道人家十点钟就关门。

也就是说，因为他出去买东西了，所以没能和女朋友一起唱歌。于是，女朋友之前的好心情瞬间不见了，取而代之的是自怨自艾。

▎既拒绝，又依赖

患有抑郁症的人，严重缺乏安全感。所以，"抑郁爱人"对你的依赖可能是窒息式的。但同时，为了自己那垂死挣扎的自尊，他又想要独立。所以，对于你的关心和照顾，他会表现出强烈的拒绝和抵抗。

比如，一个有"抑郁爱人"的来访者告诉我，他每次督促女朋友要按时吃饭、早点睡觉的时候，女朋友都会和他吵架，觉得他太烦，管得太多。而如果他不闻不问，女朋友又会伤心地觉得他不重视她，不关心她！

● 面对"抑郁爱人"，我们应该如何做呢？

如果你真的爱上了"抑郁爱人"，并且爱得无法自拔。那么，你应该如何做才能在保护自己的情况下，拯救对方呢？

▌想清楚，再开始

抑郁症被心理学界叫作"精神感冒"，也就是说，它本身就是一个复发率极高的疾病。所以，当你打算和"抑郁爱人"谈恋爱甚至走进婚姻殿堂的时候，对于对方的抑郁阴影，你不是要打一次性的战役，而是打一场车轮战、持久战。

所以，在开始这段感情之前，你要想清楚你所能够承担的和需要付出的，你需要想清楚后再开始！

▌照顾他，并且给他机会照顾你

不要一味地照顾他，觉得这样就可以减轻他的心理负担和精神负荷。其实，你对他的好，对他来讲，也是一种累！

所以，在你不遗余力地照顾他的时候，给他机会来照顾你！你可以天天对他嘘寒问暖，也可以同时要求他帮你点杯咖啡。你可以天天照顾他的生活起居，偶尔也可以遗漏一点，让他来做，让他体会到你需要他，他有自己的价值。

照顾他，并且给他机会照顾你！

▌找个长期陪伴的心理咨询师，随时调整自己受伤的情绪

找一个有丰富经验的心理咨询师，来做长期的咨询和调节。但是，对方抑郁，你来做心理调节有用吗？

试想一下，如果你在家照顾一个得了流感的病人，但他还没有恢复之

前，你就因为体力不支或者感染病毒而倒下了，那是不是一件不太好的事情。抑郁症是精神感冒，你需要做的，是在照顾他的同时，提高自己的身体素质和免疫力。

为了提高自己的身体素质，你决定去健身房锻炼，并且请了私教进行有效的锻炼。同样，为了提高自己的心理素质，你需要请心理咨询师和催眠师，进行有效的心理锻炼。这样，你才能有更好的体力和免疫力来持续地照顾那个生病的人。

也就是说，当你每次面对"抑郁爱人"的时候，你都会接触到对方的消极情绪和负面反馈。你的身体和状态，会被消耗、被影响、被蚕食。所以，你需要一个有效的途径来提高自己心灵免疫力和精神积极度。让自己的精神变得积极、饱满起来，你才有可能去温暖对方。

这个心灵免疫力和精神积极度绝对不是和兄弟喝顿酒或者和闺蜜吐槽一下就能解决的。你需要找一个专业的心理咨询师或职业催眠师，分别从意识和潜意识的角度，帮你锻炼、帮你调节、帮你恢复和成长！这样，你才能疗愈自己，治愈对方！

● 抑郁了，是不是不适合谈恋爱？

可能你会说："婷婷老师，Steven这个男友也太好了，能够这样为'抑郁爱人'付出。但是我听人家说抑郁患者就像一个黑洞一样，会把恋人的能量全都吸光，甚至把他们也拉进黑洞里。那我作为抑郁症患者，是不是最好还是不要牵连别人，孤独终老得好？"

我觉得"抑郁症患者是不是就不要谈恋爱了""抑郁症患者是不是应该主动和恋人分手"这类的命题，本身就不该存在。

为什么？

抑郁症患者怎么了？不就是精神感冒吗，那跟有没有资格恋爱、要不要分手有什么关系呢？如果你不会因为自己感冒了，就去和恋人分手，那么就不要想要不要因为我精神感冒了，就去和恋人分手。

如果你感冒了，你顶多是告诉你的恋人"你不要用我的勺子吃酸奶""不要喝我杯子里的水"。同样，如果你精神感冒了，那么你需要告诉恋人的是"在我很沮丧的时候，尽管我会说一些丧气话，但请你陪在我身边""我可能最近总会哭，请你不要担心，只要在微信上用最快的速度回复我说'我在'就好了"。

所以，抑郁患者不需要把自己当成另类，该恋爱恋爱、该分手分手。并且要记住，一段感情是否有必要继续，只有一个判断依据：感情中的双方是否逐渐长成自己喜欢的样子了。

● 抑郁了，是不是不适合出国留学？

可能你又会考虑了：谈恋爱只是用感情、肯付出就好，这个对于抑郁患者来讲并不太难。但是，都知道抑郁症会影响人的注意力、记忆力和创造力，所以对于抑郁症患者来说，是不是就不适合出国留学了？毕竟出国之后的变化太大，无形中会增加抑郁症患者的失控感；再加上要适应国外高等教育的节奏和不一样的压力，会不会因为加重了症状而不得不中断学业？

确实，在我这里做心理咨询和催眠调节的留学生孩子中，有原来明明是学霸突然就厌学的中学生，有因为多门考试挂科被劝退的大学生，有回国在家就跟父母大吵崩溃的孩子，也有被确诊为重度抑郁和焦虑的孩子……

然而，这些家长在向我咨询的时候都感到特别不解：

→ "我们没给他学习上的压力！"

→ "我们也不需要他去打工赚钱，他只要专心学习就好了！"

→ "我们从来也不少他吃不少他穿的，家里也不用他担心！"

→ "孩子以前喜欢新鲜的环境，喜欢认识新朋友！"

……

好好的孩子，怎么就会得抑郁症了呢？怎么就厌学了呢？

而孩子跟我单独沟通时，无一例外都会提到一个词：孤独。

> → "我上学放假什么事情都是一个人去做,我觉得很孤独。"
>
> → "学习任务很重,有时候跟不上进度,学不进去,又不敢跟父母说,怕他们担心,我觉得很孤独。"
>
> → "我融入不了外国人的圈子,留学生的圈子又经常是吃喝玩乐,跟他们玩不到一块儿,我觉得很孤独。"
>
> → "期末组团作业经常找不到同伴,我也不想去找助教和老师,我觉得很孤独。"
>
> ……

孤独,是一种令人不愉快的负面情绪体验。在孤独的心态下,人们往往会感到寂寞、郁闷、焦虑、空虚、无助、冷漠,甚至绝望,并且常常伴有刻骨铭心的精神空落感。

而且这种孤独感不单让人痛苦,还很危险。

研究发现,孤独的心理状态会让一个人的死亡风险提高26%。长期孤独更会削弱人的免疫系统,让人容易患上抑郁症,还会让人更容易患上慢性疾病。

而这些危机就潜藏在留学生活的日常中,经常不被重视。等到家长发现的时候,通常为时已晚。

● 留学生们所谓的"孤独感"到底是指什么?

这些孤独感到底是怎样形成的,以至于成为留学生心理问题的"一号杀手"?在我大量的咨询案例中发现,留学生的孤独感往往来源于两点。

与国内完全不同的生活方式和学习环境

从小我们就习惯于国内的教育,按部就班地上课、考试、升学,每天的生活节奏、课程内容、复习计划都被安排得妥妥当当,只要能跟着走就不会有太大的问题。

而在国外留学时,所有的一切,包括学习、生活都需要你独自去规划:你每学期上哪几门课,每天上几节课,每周怎么完成作业,语言的障碍,与国内完全不同形式的讨论答疑式课堂,专门辅助学习的导师只能提供极其有限的帮助。

所有的困难和不适应只能依靠留学生一个人去克服,如影随形的孤独感就这么产生了。

格格不入的社交圈子和文化隔阂

从"社会心理学"的角度来讲,导致一个人感到孤独的原因,主要是个体感觉自己在这个氛围中,享受亲密关系的机会和权利被剥夺了。

而在国外学校的大熔炉中,留学生需要面对的是来自世界各地的同学,班级团体的概念被淡化,上课同学经常流动,你的舍友甚至可能都不是来自同一个国家、同一个人种、同一种语言,巨大的文化差异往往会造成隔阂和孤立。

有孩子跟我们说,跟外国同学平时聊聊日常话题还行,想要深入沟通价值观或者进入彼此的圈子非常困难,更不用说建立深层的情感链接了。

当一个人感觉自己像一个异类,被一个群体排斥,与周围环境格格不入,无法和别人分享自己的个人感受时,就会产生一种深重、无力的孤独感。

现代快节奏的生活让我们变得孤独,留学环境会加剧这种孤独感。在离家很远的地方生活,过去的好友也无法理解你的烦恼,身边缺乏稳定的情感支持。留学生的生活看似比以前要丰富多彩,但是他们的孤独感更重了。

这种孤独、压力、焦虑的情绪慢慢积累,又不知道如何排解,久而久之就变成了抑郁症和焦虑症,造成失眠、暴食、易怒,甚至导致留学生厌学或者厌世。

所以,如果留学的孩子经常说"我觉得很孤独",不是他矫情敏感,而是他可能在向你发出求助的信号。是否经常体验到孤独感,是预测一个人心理健康的风向标。所以,不要让孤独,成为压垮孩子的最后一根稻草。

如果发现孩子长时间处于孤独和抑郁的状态，就一定要及时联系专业的心理咨询师进行调节和干预。

● 留学生应如何顺利完成留学之初的过渡期？

那么，作为一个想要出国留学的孩子，如何才能实现情绪状态的"软着陆"呢？

我们要利用好出国留学之初的过渡期！实际上，在过渡期里人的内心会发生更剧烈的变化，比身体更需要一个适应的过程。而且这个过渡不是一个人的事情，你周围的亲友可能也会跟你一起进入适应期。

然而，在我的咨询经验中，看到很多来访者会高估自己，觉得这些变化只不过是手续、居住地变了而已，故而不会去关注自己的内心。所以，在过渡期出现焦虑、情绪起伏不定、生理上的不舒服时，大家都会习惯性地将其归因于休息不好、忙碌等。

过渡期如果没过渡好，就会愈演愈烈，甚至会变成心理疾病发病或复发的诱因。

我曾做过这样一个案例：Luna是一个2018年夏季入学的留学生，之前在我们这里做过考前紧张的调节。后来，Luna的爸爸妈妈觉得孩子出国之后可能也会有各种问题，所以就在我们这里预约了长期咨询。

大半年前，我们在Luna出国前的几次咨询中给了她一些建议，告诉她出国3~6个月新鲜期之后，就会进入环境适应期。在这个适应期中，对语言的不熟悉感、孤独感、排斥感、自卑感会开始显现。如果出现这些感觉持续一周多的时间，她要及时和家长、心理咨询师联系。

后来，在我的心理管家的回访中，Luna家长反馈她在那边挺好的，适应得不错。但就在两个月前，Luna的妈妈找到我们，说Luna已经无故旷课两周了，而他们也是在接到学校通知后才知道的。

经过了解，学习成绩一直很好的Luna因为班里同学不太客气地纠正她的语法，开始变得不自信，后来对所有事情都出现了消极的态度，经常往家里打电话哭诉抱怨，最后甚至不愿意去学校上课。

在我又开始恢复给Luna做心理咨询和催眠调节之后，先帮她做好自己的期望管理，把她曾经在国内备受称赞的"英语很牛"调整到合理的认知和评价范围内，这样她便能把别人纠正她语法的这件事从"很丢人"转变到"这就是语言学习的过程"。

在Luna的期望管理做好了，不再认知失衡了之后，她的状态渐渐开始好转了。同时，我也对Luna的爸爸妈妈进行了沟通和指导，让他们学习和了解如何才能在女儿气馁的时候，用合适的方式帮助到孩子。大约两周后，Luna重返学校上课，并且赶上了之前落下的学习进度。

不管经历什么环境变化，过渡期的解决办法都是雷同的。经历过渡期的当事人只要做好这三步，就能顺利解决过渡期中发生的问题。

期待新生活、新变化时，一定要提醒自己，可能会出现焦虑、孤独感等消极情绪

筹备新生活的事宜很重要，但不要被新鲜感冲昏头脑。保持清醒，给自己心理预期，保证心理健康。

提前的心理建设其实很有必要，当你有心理准备时，一旦发生问题时，就不会有很强的冲击。它就相当于当你绷紧肌肉时，外力的击打就不会那么疼一样。

心理预期是预防过渡期心理问题的第一步，这也是我们在Luna出国前会给她一些建议和注意事项。

在你情绪稳定且还能理智思考的时候，给自己找到情绪的出口

在问题还没发生之前，先给自己做好预案，如果情绪不好，我能找谁来寻求帮助？

不管是发牢骚、抱怨，还是解决问题，你选择的这个人是能够倾听、冷静回应你的人，比如家里比较有威望的长辈（爷爷、爸爸等）、心理咨询师、老师等，千万不要选择随意敷衍你的人或容易有关心则乱的情绪的人，比如妈妈、闺蜜等。

Luna一开始状态不好时会经常打电话回家抱怨，而Luna妈妈每次一听到孩子的哭泣就会焦虑不已，恨不得马上买机票飞过去。这样反而把Luna搞得很压抑，难受又不敢跟妈妈抱怨。后来，我教了家长一些方法，他们一家人的情绪状态和沟通效率就慢慢地变得稳定和积极起来了。

▎**当消极情绪持续时间超过一周，并且无法自我调节时，一定要及时去找那个帮你的人**

当你能察觉到自己已经不好了，并且能够说出来，问题已经解决了一半。这一点非常重要，你不说，没人能帮你。至于如何解决，这都是后话。

当过渡期顺利过之后，情绪状态实现了"软着陆"，自己也交到了一些朋友，有了自己的社会支持系统，这样便能够更好地活在现实世界里，而不是逃避到想象中去了。

情绪管理 | 问题本身不是问题，你的"不合理信念"为什么让它成了问题？

先做一个小测试，大家觉得下面的这些句子是不是似曾相识？

→ 我总是找不到自己的兴趣点。

→ 没有一个人理解我，连我父母也不能。

→ 他们出去聚会叫了她，但是没有叫我。他们是不是永远都不会注意到我？

→ 我太笨了，怎么学都学不好，以后肯定找不到好工作。

→ 我总是忍不住跟父母较劲，其实他们说的也没错。但每次我都忍不住想怼他们，我是不是心理有问题？

→ 我永远都没法让我的父母对我满意。

看完这些句子，你可能会说"这就是我平时会说的话"，也可能会觉得"说这话的人犯得着想得这么绝对吗"。其实，这些都是日常生活中我们脑子里可能会不自觉出现的想法，每当它们出现的时候，我们的心情就会低落下来，随之生闷气、发怒、伤心……我们把这些让人心情不好的想法叫作"不合理信念"。

家庭治疗创始人维琴尼亚·萨提亚提出的萨提亚模式中有一个信念：问题本身不是问题，如何应对才是问题（The problem is not the problem, coping is the problem）。在日常生活中，人不是被事情本身所困扰，而是被其对事情的看法所困扰。

● 你对自己有不合理信念吗？

因为这些不合理信念每个人都有，而且每个人都觉得自己的这些想法是绝对正确和正常的，以至于在它出现的时候，如果你未经过训练是无法捕捉到它的。所以，这一章我们就要先来学习被心理学家定义出来的普遍适用的"不合理信念"，然后再对照着自己和他人的情况找到有个性化的"不合理信念"。

认知行为疗法始祖、美国心理学家阿尔伯特·埃利斯通过临床观察，总结出了日常生活中常见的产生情绪困扰甚至导致神经症的11类不合理信念，涉及了对自己、对他人、对周围环境和事物的绝对化要求：

→对自己生活环境中的每个人都绝对需要得到其他重要人物的喜爱与赞扬。

→一个人必须能力十足，至少在某方面有才华、有成就，这样才是有价值的。

→有些人是坏的、卑劣的、邪恶的，他们应该受到严厉的谴责与惩罚。

→生活中出现不如意的事情时，就会有大难临头的感觉。

→人的不快乐是外在因素引起的，人不能控制自己的痛苦与困惑。

→对可能（或不一定）发生的危险与可怕的事情，应该牢牢记在心头，随时顾虑到它会发生。

→对于困难与责任，逃避比面对要容易得多。

→一个人应该依赖他人，并且依赖一个比自己更强的人。

→一个人过去的经历是影响他目前行为的决定因素，而且这种影响是永远不可改变的。

→一个人应该关心别人的困难与情绪困扰，并为此感到不安与难过。

→碰到的每个问题都应该有一个正确而完美的解决办法，如果找不到完美的解决办法，那真是糟糕透了。

● **对于不合理信念，我们能做些什么？**

虽然大部分的事情我们控制不了结果，但是我们能控制这个结果对我们的影响，也就是说我们可以通过对情绪肌肉的锻炼，在面对我们不满意的结果的时候保持一个我们自己还算满意的情绪力状态。

找到不合理信念和修改不合理信念，就可以起到提高情绪耐受力的效果？来看看7天线上情绪管理训练营学员们的作业，通过训练营课程的引导，大家对不合理信念的寻找和修改变得越来越熟练了。

虽然只是改变了句子的说法，实际对情绪耐受力的提高却让他们都很惊讶。我们控制不了结果，但是可以学会控制面对结果时的情绪。

→不合理信念：绝对不可以迟到。

修改后：允许前后有10分钟的浮动。

→不合理信念：不管是谁，都要说到做到。

修改后：允许解释，并与人家沟通其他的解决方式。

→不合理信念：做事要认真负责。

修改后：我的标准并不是完全正确的，看到人家做过的努力。

第四章 有过抑郁，对我生活会有什么影响？

→不合理信念：万事都要提前做好准备。

　　修改后：意外的事情也有意外的惊喜，与其抱怨意外，不如一起去体验解决意外的过程。

→不合理信念：我绝对不能不被人喜欢。在和别人相处的过程中，非常在意别人对自己的看法，大部分时候人缘很好，一旦发现有人不喜欢自己，就会不开心，并对自己有所质疑。

　　修改后：人无完人，可以有几个人不喜欢我。

→不合理信念：承认自己错了，生气的时候总喜欢嘴硬！

　　修改后：气头上的时候，如果自己有错，就闭嘴不再激怒对方或者转移问题。

→不合理信念：我总是在迁就你的时间、你的喜好。

　　修改后：我只是想趁你不忙的时候，多和你在一起。

在我的7天线上情绪管理训练营上有学员问："为什么相同的想法，对我来讲就是不合理信念，而对他却不是？"

相同的有些固执的想法，对你来讲会成为你的"情绪触发点"，而对他却不会。所以，对你来说这是不合理信念，而对他来说不是。

还有的学员问："修改前的不合理信念，确实对自己的情绪影响非常大，而且听上去非常固执和绝对。但是在修改完之后，会不会因为'放自己一马'而让自己丧失进取和改变的动力了呢？"

让一个人丧失进取和改变的动力的不是和谐稳定的情绪力，而是所剩无几的自信心。因为不合理信念本身的绝对性和完美性，使得它的存在让人无限放大那些小小的瑕疵，故而严重打击一个人的自信心。所以，修改不合理信念，其实是在修补一个人所剩无几的自信心，让他能够看到自己的优势、发挥自己的优势，并持续地改进和成长。

因为不合理信念太狡猾，会披着"合理、合法"的外衣。所以我们要在这一章里集中来练习找出和修改不合理信念，察觉情绪才能找到问题，找到问题才能解决问题。如果想借鉴更多不合理信念的寻找和分析方法，可以到知识星球App"婷婷的心理会客厅"搜索关键字"不合理信念"来查询相关案例。

● **如何才能找到自己的不合理信念？**

不合理信念有这样三个特征：

→绝对化的要求（应该、必须）：从自己的主观意愿出发，认为某一事物必定会发生或不会发生的信念。这种特征通常与"必须"和"应该"这类词联系在一起。

→过分概括化（以偏概全，盲人摸象）：以偏概全的不合理的思维方式，典型特征是以某一件或某几件事来评价自身或他人的整体价值。例如，一些人在面对失败的结果时常常认为自己一无是处或毫无价值。这种片面的自我否定往往会导致自责自罪、自卑自弃的心理以及焦虑和抑郁等情绪。

→糟糕至极（主观放大）：这是一种认为如果一件不好的事发生了，将是非常可怕、非常糟糕的，甚至是一场灾难的想法。这将导致个体陷入极端不良的情绪体验，如耻辱、自责自罪、焦虑、悲观、抑郁的恶性循环之中，难以自拔。

在7天线上情绪管理训练营的课程当中，有一天布置的作业是：请观察并写出自己的不合理信念，大家也都写了很多：

→我绝对不能迟到。

→计划好的事情一定不能被破坏。

→如果有人对我不满意，就说明我做得不够好，我必须努力让周围的人都对我满意。

……

从学员的作业中，我们发现：大部分的不合理信念源自对自己严苛的要求，即总会用完美的标准和期待来要求自己。

幸福的人大多是相似的，而觉得自己不幸的人各有各的原因。这些不幸或者负面情绪的根源，就是内心深处的那些不合理信念。但事实是：越优秀的人，越会追求完美，越会不断地自我批评。

我有个朋友，从小到大都是标准的学霸人设，成绩名列前茅，各方面都非常优秀，标准的"别人家的孩子"，后来也留学到美国TOP10的大学，一切都顺风顺水。按说都这么成功了，应该很让人羡慕吧。

并不是！因为成绩好，她对自己的学业要求更加严格。高中的时候，但凡有一次考试没考到第一名，她就会躲到房间里崩溃大哭，甚至用禁食来惩罚自己。最后，高考没能达到她理想的目标，几年的时间都处于挫败失意的状态。后来，她还患上了中度抑郁症，经过几年的心理治疗才慢慢稳定下来。

对自己严格要求不是坏事，但对每件事情都追求完美的目标会让你陷入困境。因为有着一个完美的、不可达到的目标，所以你永远不会对自己满意；因为做不到你理想的状态，你永远不会感到开心，甚至觉得自己一辈子都是一个失败者。

其实不管是大人还是孩子都能体会到"外在成功，内里失败"是多么煎熬的感觉。找到不合理信念，修改不合理信念，能不能让人成功我不敢保证，但一定可以让你不受煎熬，内心很舒服。

有一段时间，我也在写作这件事上陷入了瓶颈：因为已经写过《摆渡——互联网人的解忧密码》和《跳出焦虑圈》这两本书，所以内心对于文字和写作有较高的标准，也希望自己能达到优秀的状态。当发现自己写出来的东西不够好的时候，我就会充满挫败感，觉得自己能力不行，没有天赋。时间一久，只要一想到要写文章，我就会表现得特别不情愿，一边焦虑一边用各种方式去拖延、逃避。

但后来，我逐渐接受了我就是一个本科和研究生都是学计算机专业的工科女，所以我并不会写出特别煽情的文字来。我需要做的就是把我在做心理咨询和催眠调节中不断积累和感悟到的东西，用朴实顺畅的文字表述出来。就这样，我接受了自己的不完美，我开始动笔去写这本书，并且不会再像之前那样一边写一边否定自己了。

● 为什么家长和老师对我没什么要求，但我却总爱和自己较劲？

其实每一个拖延症的人，都有一颗追求完美的心。因为追求完美，你会把自己的人生困在原地。而有完美主义倾向的孩子，更容易对自己有高要求，更容易否定自己，更容易出现焦虑、抑郁、强迫的情绪。

我们都知道，完美主义的孩子多半来自对孩子严格要求的家庭。但在我做过的大量咨询中也发现，很多对自己不满意、总和自己较劲的孩子，他们的家长都声称"对他我其实没有什么要求"，孩子也承认父母对自己没有什么要求。

那是不是意味着还存在另外一类孩子，天生就对自己有着异常严格的要求呢？非也！这些对孩子没有完美主义要求的家长，其实下意识地在孩子面前带着完美家长的人设。这种带着完美人设的家长，比那种喊着要求完美的家长，更容易塑造出完美主义的孩子——因为家长嘴里说出来的，还有可能被孩子反驳或理论，而家长做出来的或不自觉地装出来的，才让孩子无从反抗，只能承受。

● 婷婷的心理会客厅　完美主义者的童年

对于完美主义者来说，典型的童年经历会是这样的：虽然你在学校表现出色，但是无论你的成绩有多好，家长总认为还不够好。如果你某门功课的考试成绩排名第二，回家之后，家长的反应是"为什么没有考第一"。

家长总是在明里暗里批评孩子，几乎从来不奖励孩子，总是对孩子吹毛求疵，要求孩子表现得更好，以至于孩子从不觉得自己应该对自己的努力感到满意。

家长还会流露出隐晦的失望，借此含蓄地表达自己对孩子的不满。家长可能会偶尔表扬孩子，说一些诸如"做得好"的话，并在表情和语调上给孩子留下足够的线索，让他们感到这种表扬是不真诚的。

如果孩子犯一点小错误，家长就会立刻收回对孩子的爱，这让孩子感到"如果我再努力一点，做得再好一点，爸爸妈妈就会爱我了"。

可惜的是，完美主义父母虽然更有可能培养出一个严格要求自己的高成就者，但这样的孩子也更容易患上抑郁症、强迫症，甚至出现轻生的念头。

接下来，我要说一个我做过的青春期情绪调节的案例。在这个案例中，我看到了在爸爸无意识中建立的完美人设的影子下，孩子滋生出的无数个不合理信念及严重的自我否定。

虽说是青春期情绪调节的案例，但我从始至终都没有见过孩子，因为孩子拒绝来做心理咨询和催眠调节。她说："我知道爸爸帮我请了婷婷老师是想帮我开心起来，我也知道我没有什么好不开心的，我应该开心才对。但我就是不开心，而且我觉得我会一直不开心下去，因为没有什么事情能让我开心起来。我不想浪费婷婷老师的时间。"对比前面我们提到过的不合理信念的特征，再来看这段话，我们可以清楚地体会到，这段话当中有多少个不合理信念充斥着孩子的大脑。

孩子不肯来，怎么做咨询调节来帮助孩子开心呢？

依然可以，那就是家长来做心理咨询。家长来预约做咨询，就能缓解孩子的情绪问题吗？能。而且我要更进一步说的是，如果孩子出现情绪问题和心理困扰，不管孩子肯不肯来做咨询，家长都应该来做咨询。起码在我接的所有有关孩子的心理调节中，我都要求家长来做调节。道理很简单：水里的鱼病了，如果只是给鱼治病，水还是那一池水。等把鱼放回水里，你说会是什么后果？

在这个孩子缺席的青春期情绪调节案例中，实际来进行调节的来访者是孩子的爸爸，大凯。他是某公司的团队老大，他的团队分布在北京、上海、深圳等多个地区。由于要及时地沟通每个团队的进度和状态，大凯成了一位名副其实的"空中飞人"。从周一到周日，他不是在飞机上，就是在去机场的途中。整整一个疗程的亲子关系的心理咨询，我们都是通过电话和视频来完成的。

第一次的通话过程是这样的。

大凯开门见山地说："婷婷老师，我闺女今年上小学六年级，我不知道应该怎么和她沟通！

"我闺女从小就是一个很懂事的丫头，话很多，很容易沟通。

"但是好像突然之间，她的性格就变了，什么事都要和我对着干，而且沉默寡言、不爱和我聊天了。我说的话，她也听不进去了！比如上个周末，我好不容易能在家一天，想好好陪闺女玩一玩。我对她说：'爸爸一会儿带你出去玩，你想去哪里？'

"要是以前我要带闺女出去玩，她都会很高兴、很积极。但是这次她却突然甩出一句'出去有什么好玩的！要去你自己去，我不去！'之后，转身就回自己的屋子，关上了门。这让我伤心了很久。"

我问："那你后来有没有试着和闺女沟通，搞清楚为什么闺女不想和你出去吗？"

大凯说："现在我和闺女完全沟通不了！不沟通还好，一沟通就吵架。

"比如有一次，我特意去学校接她。她一从学校出来，我就看出来她情绪不是太好，于是就想安慰她。

"结果我一路上费尽心思地安慰着，她却不断地否认，说我说的道理和她感受到的实际情况完全是两码事，还说我完全不理解她的感受！"

我问："那你有没有问闺女，她的感受到底是什么呀？"

大凯说："我问了，但她说'你不是一个那么大团队的领导吗，你不是整天都和别人沟通吗，你怎么会看不出我的感受呢'。被她这么一说，我真不知道该说啥了。

"我知道我平时很忙,没有什么时间陪闺女。但是只要我在家的时候,我都会尽量陪她。只是现在,不是我不陪她、不和她沟通,而是她根本不想让我陪,拒绝和我沟通!

"我知道,到了十五六岁,孩子们都会进入青春期。那个时候,孩子就更不爱和父母沟通了,所以我才想在现在打下一个比较好的信任基础。但是,现在我和孩子的沟通模式就是这个样子,到了孩子青春期时可怎么办呢?"

● **亲子之间沟通不畅的主要原因是什么?**

孩子的沟通方式会随着年龄的变化而变化

当孩子还小的时候,孩子会很听家长的话,喜欢和家长沟通。但是等孩子大一些时,家长就会发现,孩子开始只听老师的话了。这其实并不代表家长有什么地方没有做好导致孩子对父母失去信心转而相信老师,这只是孩子的"权威"观念的一个正常发展过程而已。

从发展心理学的角度来讲,孩子的"权威"观念是指孩子会把谁说的话放在首要位置,孩子更倾向于和谁沟通。孩子从出生到18岁这个过程中,"权威"观念会经历这样三个阶段:

→孩子从出生到上幼儿园的时候,因为大部分时间孩子是和家长在一起的,所以这段时间里,孩子的"权威"是家长;

→到了小学阶段,因为老师担负起更多的传道授业解惑的角色,所以孩子的"权威"是老师;

→到了中学阶段,孩子的"权威"是同龄人。对于老师和家长的话,孩子有可能会不屑一顾,而对于同龄人的话,孩子才会听到心里去。

如果是正处于"权威"转换时期的孩子，那么孩子从听父母的话到不怎么爱和父母沟通，这完全是正常的。而且从一定意义上讲，出现这种情况，父母应该高兴才是。因为这代表孩子的认知水平是正常发育的，并没有出现任何的心理停滞。

家长的迫切心理，引起孩子的焦虑

长期在外或者长期封闭办公的家长，一旦有空回家，就想抓紧时间和孩子沟通，修复亲子关系，增进亲子感情。就是因为家长想用有限的时间进行无限的亲子感情修复，所以才会把自己弄得太热切、太着急了。

家长的这种急切的想法在孩子那里就变成了一种压力。任何人在面对沟通当中明显的压力时都会产生反抗或逃避反应。

所以，就算家长再迫切，再知道时间有限，也要控制好自己，让自己放慢沟通的速度，有节奏地进行。饭，要一口一口地吃；感情，也要一点一点地培养。

家长总在孩子面前无意识地打造着自己的完美人设

这个人设如果被孩子戳穿，家长会很愤怒；如果未被孩子戳穿，则会给孩子造成很大的压力和困扰。

很多家长会认为："我知道自己很多方面做得不够好，所以我并没有刻意去装完美。"但其实在和孩子互动的过程中，家长的很多伪装和居高临下，自己是不自知的。

比如大凯的这个案例。他接闺女放学，看到闺女情绪不好，便想尽办法去安慰，却被闺女的一句话顶得哑口无言，甚至有些恼怒。

为什么大凯会"哑口无言"，甚至有些"恼怒"呢？因为他觉得自己所做的安慰和指导是很正确、很全面的。但是，女儿反馈给他的不认同使他很无可奈何甚至有些愤怒。其实，这个情绪的背后就是他只想指出闺女思考问题的不足，而不肯承认自己对于闺女情绪理解得不到位。这种只想指出闺女的不足而不肯承认自己的不足，不是"装完美"是什么？

如果真的抱着一个互相探讨和做真实的自己的心态来和女儿沟通,那在受到女儿质疑和刁难的时候,大凯就会很自然地说:"是呀,爸爸带领着很大的团队,爸爸可以和团队里的同事进行有效的沟通。但是,这个有效沟通的前提是,爸爸已经跟无数这个年龄段、这个工作性质、这种类型的人打过交道,积累了很多的沟通经验才达到的。

"而爸爸,是第一次当爸爸,也是第一次积累和十多岁小姑娘的沟通经验。所以,爸爸有时候真的不知道怎么沟通才是你想要的。我需要你帮助我来理解你的想法、思路和要求,让我能够学习得更快、积累得更多!"

对自己的孩子承认自己的不足并不丢人,并且孩子会因为看到了你承认自己的不足而觉得你是一个活生生的可亲近的人,而不是一个高高在上的完美雕塑。

当孩子认识到爸爸妈妈这么大了都可以承认自己的不足,并且还在不断地学习和改善时,小小年纪的她也更有理由接受自己的不完美,从失败和挫折中去学习、提高自己。

● 如何修改不合理信念?

所以当时我给大凯做心理咨询的时候,其中很重要的一项就是找出大凯潜意识中的不合理信念,并且尝试去修改这些不合理信念。比如,下面这些内容是依据找到不合理信念和修改不合理信念的步骤来进行的一些讨论结果。

▎绝对化要求转变为相对化要求

修改前的绝对化要求:我要求孩子要绝对认同我的话,因为我认为自己一定是正确的。

修改后的相对化要求:我要求孩子要专心地听我的思考和分析,但我承认自己有考虑不到的地方,需要孩子一起来找到问题所在。

过分概括化的问题变得具体化

修改前的过分概括化问题：孩子长大了，总是怼我。

修改后的具体化问题：因为孩子看到我能照顾好我团队成员的情绪，但那天却没有照顾好她的情绪，所以孩子表现得无法接受和理解。我需要让孩子知道，带团队我是有多年经验的，但是当爸爸我是第一回。

糟糕至极的想法变得准确化

修改前的糟糕至极的想法：我和孩子现在的沟通就如此不顺畅，到了青春期肯定会爆发更大的问题。

修改后的准确化的想法：我和孩子现在的沟通，暴露出了很多我对她不曾了解的地方。所幸这些问题现在暴露出来了，让我有时间来了解和改善，这样遗留到青春期时的问题就会少一些。

爸爸在每次看似机械的修改中，渐渐尝到了甜头。他不仅发现了女儿的变化，更是发现了自己的变化。在这个疗程快结束前的一次心理咨询中，他很开心地对我说："说实话，刚开始我对您给我做催眠和这种心理练习没抱太大的希望，因为看起来好像都不太费力，我一直认为不太费力的事情一定不会有什么太大的效果。

"但是最近，我发现闺女在家和我说的话变多了一些。那天我问她：'哎，最近你看起来还挺爱和我说话的，为啥呀？'闺女说：'爸，你知不知道你最近和我说话都不摆那种领导对员工的架势了，我就想和你说话了。'

"婷婷老师，虽然您没有要求我回家要改变和闺女谈话的态度和气势，但是我发现我的不合理信念在您这里不断练习修改的过程中，再配合着催眠调节，我潜意识里的很多东西就发生了改变，结果回家和闺女说话的口气也不自觉地改变了！我变了，闺女也跟着改变了！

"不仅如此，我在团队中的很多做法也在不自觉地发生改变。不少团队成员和我说过：'凯哥，以前很多话都不敢和您说，您的气势太吓人了。但是这一阵您变得不一样了，很多话、很多思路，我都敢和您说了！您现在这样,挺好的!'估计以前我在团队当中也会不自觉地给大家很大的压力,虽然大家都很尊敬我、信服我,但是他们因此也不敢跟我说太多话,很多隐患就这样埋下了。还是放下自己的完美,真实一些好。我发现修改了很多不合理信念后,自己的生活和工作反倒变得合理了很多!真不错!"

● 为什么说不合理信念的背后是固定型思维?

在心理学上可以用固定型思维(Fixed Mindset)来解释上面发生的这些咨询后的变化和效果。斯坦福大学心理学教授卡罗尔·德韦克发现人在成长的过程中会存在两种不同的思维方式:成长型思维(Growth Mindset)和固定型思维(Fixed Mindset),而这两种思维影响着我们生活的方方面面。

→成长型思维,主要认为人的能力是不断成长的,他们更加关注如何激发人的能力。

→固定型思维,则认为人的能力、禀赋是固定的,他们所有的行为都在证明自己的能力是行还是不行。

固定型思维的人,不想尝试自己不擅长的事情,很难接受失败和错误,在意别人的评价,希望每件事情都做得最好,因为这样才能证明自己是有能力的、优秀的、成功的。

成长型思维的人更愿意接受挑战,承认自己的缺陷和不足,更容易面对挫折,虽然失败是痛苦的,但这并不说明自己不行或不好,而是自己还可以努力并提高。

德韦克教授在芝加哥的一所高中得到了一个启示,他们给考试不及格的孩子的分数,不是一个意味着失败的词(比如不合格、F),因为这表示你被判断为失败者,而是用"not yet"(尚未达到),意味着你已经在学习的轨道上,只是还没有到达终点而已。就是这样一个小小的改变,让整所学校学生的成绩都有了一定幅度的提高。

● 如何用成长型思维做好情绪管理？

在语言表达方面，如果想把固定型思维改变为成长型思维，可以用"我还没达到"来代替习惯性的"我不行"。那么，在情绪管理方面需要怎么做呢？

▎辨别和修改自己的不合理信念

回忆一下最近让你觉得生气、让你觉得难过的事情，重新分析在这些事情背后，你对自我要求的不合理信念是什么。

在找到自己的不合理信念后，从以下三个角度来尝试修改不合理信念，与自己和解：

→绝对化要求转变为相对化；

→过分概括化的问题变得具体化；

→糟糕至极的想法变得准确化。

▎成为一个立体人

如果你每天看书和做题，当成绩出现一点纰漏时，你就会特别抓狂。让你的生活变得更加丰富，变着法儿地让自己开心，建立信心。比如，对于我来说，我可能成不了一个优秀的作家，但我能成为心理咨询师里写作写得最好的，写作里打拳击打得最好的，打拳击里小提琴拉得最专业的……

在生活的一个方面遇到了困难，我还能在其他地方找到快乐和信心。虽然遇到困难时，我和每个人一样都会消沉、失落和伤心，但是因为能在其他方面感受到快乐和信心，所以我依然有在哪里摔倒就在哪里趴会儿的乐观和趴好了就爬起来再战的力量。关于成长为"立体人"的更多思路和时间精力管理方法，可以在公众号"婷婷的心理会客厅"中搜索关键字"立体人"，找到相应的文章。

当你在努力的过程中，每天都用冷冰冰的指标甚至永远无法达到的标准来衡量自己的时候，你一定没法走得很远。而当你用暖洋洋的热情来激励自己，你才可以使命必达，才能够"越努力，越幸运"。

那么，咱们这就来开启"越努力，越幸运"的旅程吧。一起在前面的文章中和自己的生活中练习找到不合理信念和修改不合理信念吧。更加关注自己努力的过程，而不是结果目标。鼓励和肯定自己的每一个进步和成长，你才能拥有持续改变的动力。

找到不合理信念总结

想要提高情绪耐受力和抗压力，首先，你需要找到自己情绪的弱点。

出现消极情绪，是因为对自己有很多不合理的信念，如下是三种最常见的自我否定黑名单。

·绝对化的要求：我必须××，我一定××。例如：我一定不能迟到。

·过分概括化：我一直是××，我老是××。例如：我总是找不到自己的兴趣点。

·糟糕至极：把一点点小的不顺心或消极情绪无限放大。例如：考试考砸了，我觉得天都塌了，不管我怎么努力，都不会再考出好成绩了。

修改不合理信念总结

改造不合理信念和自我否定黑名单。

1. 把绝对化的要求变成相对化，因地制宜地要求自己，不搞"一刀切"，进行自我和解。

例如：将"我一定不能迟到"改为"我在规定时间迟到10分钟都是可以接受的"。

2. 把过分概括化变得具体化，给自己一个时间和程度的限制细致化，不再贴标签。

例如：将"我总是找不到自己的兴趣点"改为"我暂时/目前/最近三年找不到自己的兴趣点"。

3. 把糟糕至极变得准确化，把夸张放大的负面情绪准确化。

例如：将"考试考砸了，我觉得天都塌了，不管我怎么努力，都不会再考出好成绩"改为"这次考试考砸了"。

不断复述改造后的情绪言语对照表，给自己积极的心理暗示，提高情绪耐受力。

第五章

抑郁好了后，怎么防止复发？

陪孩子走出抑郁

看画读心 | 为什么生活很美好，但我却感受不到快乐？

下面这幅画，与其说是14岁的翔子画的，更准确地说是"翔子临摹的"。

会发生这一切，源于翔子的老师找家长的一次谈话。老师是这么说的："翔子妈妈，翔子的学习、和同学的关系、热心班集体……都挺好的。对于这种孩子，我们不要给他太大的压力，不要要求他太多。孩子嘛，还是让他感受到快乐最重要！"老师的这一番话说得没头没尾的，搞得翔子妈妈一头雾水。于是，翔子妈妈回家以后赶忙给其他同学的家长发微信，让家长帮忙问问翔子的同学，翔子在班里的表现。

看到家长们的反馈，翔子妈妈这才搞明白老师的意思。根据同学们的说法，翔子在学校的表现挺好的，就是有一点，觉得翔子这学期开学后有些不开心，总感觉"翔子不再跟我们一起疯玩了，好像他总有很多事情要想似的"。

翔子妈妈对我说："婷婷老师，其实这个学期开始之后，我也能感觉到孩子有些闷闷不乐。他一回家就把自己关在屋子里，不出来也不和父母交流。孩子之前喜欢看书，我们为了满足孩子的爱好，也为了让孩子涉猎更多的知识，就给孩子买了很多书籍。可是，书买回来了，孩子却不怎么喜欢看了。有时候，即使他打开了一本书，很快就开始走神了。我们反复问翔子，也问不出原因，所以就想让您帮忙给看看。

"但是他怎么也不肯来。我后来对翔子说,你不去就不去吧,那你就画一幅画,等妈妈去找婷婷老师做咨询的时候,把你的画带过去。结果您猜怎么着,孩子画是画了,我一看这不是临摹网上的画吗!您说这孩子,他不想画就说不想画呗,不好好画,还弄张临摹的,您说他心里到底在想些什么呀!"

我和翔子妈妈说:"您先别急,临摹的画也能分析出孩子的内心,不耽误事儿的。"

翔子妈妈吃惊地说:"啊!这临摹的画也能分析?那不就是照着别人画好的模仿的吗,怎么能反映他的内心呢?"

我告诉翔子的妈妈:"确实临摹的成品画,物体的大小和画面布局都是定下来的。但是您想想,孩子为什么单单临摹这一张,而不是别的,那还不是说明这一张画让孩子觉得顺眼。而从心理学上讲,一个人挑上的东西,不是单纯地顺了他的眼,而是顺了他的心。那您说说这幅画,是不是能反映孩子的内心状态呀?"

翔子妈妈听我说完,立刻明白了。于是,她赶忙让我帮他分析一下。

图6 翔子画的"房树人"

从图6中我们可以看到:

1. 画中的所有物体被圈在一个人为制造的边界中，并且边界由两层线条组成，即孩子潜意识中被管制得太久，以至于目前逐渐进入自我封闭、自我隔离的状态。

——看完这一点，我立刻和妈妈确认："是不是家长一直都对孩子要求得比较严格呀？"妈妈说："我对孩子其实没有太多要求，但是翔子的姥姥对他有很多要求。因为翔子姥姥以前是小学老师，而且还是优秀教师，所以我除了积极配合姥姥的管理，也没有什么其他的选择。"果然被我猜中了！孩子在学校已经经历了8小时的学校管理，在家还要再经历16小时的家庭的管理，那孩子不进入自我封闭状态，就会进入顶嘴叛逆的状态。

2. 画中的小猫形象呈跪姿，身前摊开一本书，哀怨写在了脸上，同时双臂抱胸呈防御状，即孩子的潜意识中对目前的状态是不满意的、埋怨的，并且防御心极强。

——根据心理学的投射原理，这个小猫必然是孩子心态的一个折射。而选择用小猫表达出来，除了因为是临摹画作，还有一个原因是这样不会引起家里人的评判和管束。但是对于一个连无意识情感表达方式的画画，都要条件反射似的找一个替代品来表达真实内心感觉的男孩来说，这个防御心理也有点太强了，其背后意味着对他的要求和管束太严格、太细致了，让孩子出现了强烈的被监控感和窒息感。在这种心理负担情况下，孩子每天闷闷不乐、郁郁寡欢也就不足为奇了。

3. 画中重复出现最多的物品就是书籍，但小猫面对着面前的书本并没有开心的表情，即潜意识中，他虽然不那么讨厌书籍，但看书并没有给他带来开心、快乐和享受。

——根据我的经验，"虽然不讨厌，但是也不享受"的情况一旦发生，一定只有一个原因：外部压力太大，遮盖住了孩子内部的自我驱动力。询问孩子的妈妈，果然因为最近升入初三后，家长给孩子报了好几个补习班，把孩子的时间计算得严丝合缝。孩子不是在上课就是在上课的路上，已经没有时间让孩子自由支配。并且在给孩子购买书籍的时候，没有考虑过孩子的意愿，只是一味地买回来家长想让孩子看的书籍。

这次给家长的心理咨询做完以后，本来预约的下一次咨询仍然是给家长做的，以达到帮助家长找到合适的亲子沟通方式和思路。出乎我意料的是，在下一次咨询的时候，翔子竟然和妈妈一起来做咨询调节了。

我问翔子："小伙子，你为什么突然肯来做调节了？是因为想让自己能够更快地开心起来吗？"按照翔子的行为模式，我只是期待着从翔子嘴中吐出一个简单到略带敷衍的"嗯"。但是，翔子的回答不仅出乎我的意料，而且让我深受感动。

翔子说："不是的，婷婷老师。上次妈妈回家和我说了您对我的画的分析之后，我才肯来的。我肯来，是因为我觉得您懂我！"

"看画读心"总结

- 画面整体被更大圈的相框、包围线等线条围起来：自我封闭、自我隔离。
- 人物脸上有不愉快的表情：内心哀怨、失落、委屈、痛苦。
- 画中有重复出现的物体：这个物体占据着作画人更多的思考和"情绪触发点"。

画一画

请以《艳阳天》为题，画一幅画。

抑郁好了之后，还会复发吗？

最近接触到一个抑郁症患者，一个年轻漂亮的女孩子，因为药物导致发胖，还经常恶心、呕吐。女孩时常会问我："我什么时候能好？"她还经常自言自语道："我要快点好起来，不能让妈妈担心。"

不仅是这位第一次发病的患者，还有很多长期没有好转、频繁复发的患者都会问："病什么时候能好？好了之后还会不会复发？"现实是，那些已经开始好转的患者反而不会这样。这句话为什么会成为病情的风向标？患者问出这句话，背后到底有什么样的心理呢？

● 当一个人问"我的抑郁会复发吗"的时候，代表了什么？

患者的无力感和焦虑没有得到缓解

抑郁症、焦虑症患者就是抑郁、焦虑超过正常值，对生活、工作等各种事情充满了无力感，甚至出现生理不适。

当患者病情好转的时候，说明他们的无力感或焦虑在减少。而患者问"病什么时候能好，会不会复发"时，说明这些无力感和焦虑并没有得到缓解，甚至还在增加。

患者不接受现状

当患者执着于什么时候能好，意味着他们还没有接受当下比较糟糕的状况，所以一直想着什么时候能摆脱。这种不接受现状的情绪，会让患者丧失解决问题和自我拯救的动力。

● 当一个人问"我的抑郁会复发吗"的时候，你该如何回应？

"不变坏就是在变好"

抑郁症、焦虑症分为轻度、中度、重度，不管患者处于哪一个阶段，只要还有生命体征，就有可能往恶化的方向发展。所以，患者能够维持现状、不恶化，就是一件好事。

患者一直执着于变好，不仅会增加焦虑，当再次复发时患者很可能会放弃治疗。我们看到的很多抑郁症患者在第一次得抑郁症的时候，还是会配合吃药治疗，他们唯一坚持的信念就是"要把病治好"，而在复发时，他们却不肯吃药治疗，认为这次治好后肯定还会复发，所以干脆就放弃治疗。

这时，家人需要帮助他们降低期待，以缓解他们的焦虑。这样的想法也能帮助家人缓解焦虑，从而不把焦虑的情绪传递给患者。

向患者解释抑郁症就是"精神感冒"，接受它会反复、周期性发作

抑郁症，因其发病的轻易性和普遍性，被称为人类的"精神感冒"。而且，抑郁症是有生理易感性基础的，容易受到外界环境刺激而复发。

那些曾经得过抑郁症的人，由于他们的生理易感性，在下次面对同样强度的外界刺激时，他们的反应模式还是抑郁，不会变的。所以，这也是抑郁症会反复、周期性出现的原因。

很多患者把所有治病的信念都用在了第一次痊愈上，故而会在复发的时候会精神崩溃，甚至不配合治疗。即出现了治病过程中最让人遗憾的"一鼓作气，再而衰，三而竭"。

所以，家人需要了解抑郁症的周期性后，在患者发作时，我们要反复跟患者解释：

"抑郁症就是精神感冒，它会复发。但是，我们只要在每一次感冒时，快速找到适合自己痊愈的方法，那么当下一次抑郁发生时就能够减轻抑郁的症状，缩短抑郁时间。"

作为抑郁症的人的朋友或家人，我们虽然不具备专业的心理学知识能让他们走出抑郁症，但是我们能帮助他们减少消极的感觉，在抗击病魔的路上少点荆棘！

为什么一到秋天、换季，就容易产生抑郁心情？

→ "每逢秋冬胖三斤！"一到秋天就管不住嘴，是不是因为自己不够自律？

→ "而今识尽愁滋味，欲说还休。欲说还休，却道天凉好个秋！"一到秋天就惆怅，是不是因为矫情？

你有没有想过，到了秋天、冬天，就"吃得多、不爱动"。这不是因为你不自律，而是因为你正在经历着自己没有觉察到的抑郁情绪。

刘禹锡的一句"自古逢秋悲寂寥"已经在告诉我们：秋天是跟悲伤的情绪相联系的。并且，心理学的研究证明，"悲秋"不仅仅是文人骚客的借景抒情，它其实是真实存在的，并且是一种"季节性情绪波动"。

1984年，美国国家精神健康研究所的科学家罗森塔尔和他的同事将这种季节性波动而引发的抑郁倾向命名为季节性情绪障碍。

这种季节性的情绪波动问题是由于季节的变化，特别是秋冬之交，环境、气温及生活规律的改变让人产生的一种抑郁的倾向。这种倾向在其他季节相对较轻，但是在特定的季节，特别是秋冬之交比较突出。因此，也有人把它叫作"冬天抑郁症"。

● "冬天抑郁症"对于已经有抑郁史的人来说，意味着什么？

"冬天抑郁症"对于正常人，其消极影响可能仅仅表现在一定程度的焦躁、精力的下降、思维和注意难度增强等轻度抑郁的症状。但对于有过抑郁史的人，这种雪上加霜的影响，可能会引起致命性的病变！

每年秋冬之际，我接到过很多"冬天抑郁症"引发的严重并发症的案例。这些人都是曾经有过抑郁史，在秋冬来临之际，在发生情绪波动的时候，只是继续服药，并没有引起患者及其家人特别的重视，更没有在有新症状出现的第一时间及时就医，结果导致情绪和状态不受控地恶化，出现了精神分裂症或双相情感障碍等症状！

对于一个没有受过心理学专业训练的人是很难分辨现在的情绪状态到底属于普通的抑郁症，还是已经恶化和转变为精神分裂症或双相情感障碍。所以在这里，我不会给出太多的专业评判标准，而是在给出教科书的定义后，再给出几点普通人可以分辨的特征。当你分辨出这些特征之后，就要第一时间预约心理咨询师，让专业的人来做专业的判断！

▌精神分裂症

- →定义：精神分裂症是一组病因未明的重性精神病，多在青年缓慢或亚急性起病，临床上往往表现为症状各异的综合征，涉及感知觉、思维、情感和行为等多个方面的障碍以及精神活动的不协调。
- →表现：患者一般意识清醒，智能基本正常，但部分患者在疾病过程中会出现认知功能的损害。病程一般迁延，呈反复发作、加重或恶化，部分患者最终出现衰退和精神残疾，但有的患者经过治疗后可保持痊愈或基本痊愈状态。
- →普通人可分辨的特征：在精神分裂症患者当中，会出现各种感知觉的障碍和思维障碍。当发现患者出现了幻听、幻视、被害妄想等现象，不要仅仅归结为"他怎么分不清想象和现实呀""他怎么老觉得有人会来害他"等，要警惕这个现象并不是简单的抑郁症引发的神经紧张，而是有可能会恶化到神经分裂症的地步！

双相情感障碍

→定义：双相障碍属于心境障碍的一种类型，指既有躁狂发作又有抑郁发作的一种精神疾病。

→表现：病因未明，生物、心理与社会环境诸多方面因素参与其发病过程，目前强调遗传与环境或应激因素之间的交互作用以及这种交互作用的出现时点在双相障碍发生过程中具有重要的影响，临床表现按照发作特点可以分为抑郁发作、躁狂发作或混合发作。

→普通人可分辨的特征：当一个抑郁症病人突然感觉"我的病好了"，在替他开心之前，要第一时间警惕"这个抑郁症的病人是不是转成双相了"。由于双相情感障碍，就是抑郁和躁狂交替发作的一种疾病，所以躁狂发作在一个抑郁症病人身上的经典呈现就是"我的抑郁症好了，我又可以想做什么就做什么了"！所以，当一个抑郁症的人突然告诉你"我的病好了"的时候，先建议他去找心理咨询师确认他现在的真实的状态，再替他高兴也不迟！

抑郁好转前的四个心理阶段，你处于哪一个？

在做抑郁症的心理咨询和催眠调节的时候，我最常被问到的问题是：我的抑郁症，什么时候能好？

通常，在我回答这个问题前，我会问他们四个问题：

→你接受自己是抑郁症吗？
→你接受自己需要同时服用药物，来配合心理调节做治疗吗？
→你接受自己得长期服药吗？
→你接受就算长期服药，你的情况可能也一直不会好转吗？

以上四个问题，是逐个递进的关系。如果四个问题的答案都是"是"，那么你的症状才有可能好转！但是，如果有任何一个回答是"不"，那么你离抑郁症的好转还差得很远！

其实，这四个问题就是抑郁症患者在症状好转过程中一定要经历的四个心理阶段。这四个阶段是按顺序发生、不能跃进的。也就是说，只有达到了前一个阶段，才有可能进入下一个阶段，并且在心理变化的过程中有可能出现从现阶段倒退回上一阶段的心理退行。而当患者彻底进入最后一个阶段后，抑郁症才会慢慢好转。

下面，我就来详细说一下"抑郁症好转前的四个阶段"。

第一阶段：接受自己是抑郁症

我曾经做过一个准备出国读研的大三学生的心理调节。她妈妈找到我，是因为孩子最近比较长一段时间的郁郁寡欢，表现为时常哭泣、不愿出门、没胃口吃饭、睡不好觉……并且在雅思考试之前，连续哭了一整天，直接导致她发挥失常！

当妈妈和孩子坐到我面前的时候，两个人一致认为，所有的不良情绪和消极状态，只源于压力有点大。而当我根据孩子的症状特征、持续时间、行为模式、对问题的反馈方式等，判断出孩子是抑郁症的时候，两个人都很惊讶，并表示不认同。妈妈说："孩子以前一直都很活泼快乐，家里从来没有给过她什么压力。所以，孩子不可能抑郁，只是近期压力比较大罢了。"

然而，很多人不知道的是，过去的幸福不妨碍一个人成为抑郁症患者。正因为有快乐和幸福的过去，所以她在面对现在的抑郁情绪时只想逃避，而这种逃避和无力感反过来又会加重已有的抑郁症状。

所以，想要抑郁症有所好转，第一个阶段就是接受自己得了抑郁症。只有接受了，你才不会继续逃避，而是会了解它和直面它。

第二阶段：接受自己不仅需要心理干预，同时需要进行药物治疗

在很多人接受了自己有抑郁症之后，马上会做的一件事就是找一个心理咨询师做心理干预。对于所有来访者，我会评估他的整体状态。一旦达到需要服用药物的阈限时，我会第一时间建议他去医院诊治。

因为想要抑郁症有所好转，第二个阶段就是要接受自己在做心理干预的同时，还需要进行药物干预。心理干预是需要在稳定正常的情绪和认知状态下才能发生作用，而当一个人的情绪和认知都经历过巨大波动的时候，一定要先吃药稳定住状态，再通过心理咨询和催眠来打开心结。

第三阶段：接受自己需要长期服用药物

服用精神类药物的时长都是六个月起步，并且上不封顶，甚至可能是一辈子。

很多人就算可以接受自己需要服药，并且已经开始服用药物，当症状出现一点点好转时，总会偷偷停药。而在没有医生指导下的私自停药，一定会出现停服精神类药物的戒断反应，从而导致症状的反复和进一步加剧。

我在给每一个患者做心理调节时都会嘱咐："一旦开始吃药，不可以随意减量和停药！一定要遵医嘱！"但是，60%以上的人都会有一次甚至多次私自停药的经历。

比如，一个高中生曾对我说："婷婷老师，我一吃药就正常，不吃药就好像不是我自己了。我怕我一辈子都得依赖药物，所以我才想要用私自停药摆脱它！"

怕一辈子都依赖药物，所以私自停药。而停药后，你可能连一辈子都没有了。因为骤然停药，一定会造成抑郁症的复发。它就像过敏一样，会一次比一次厉害，而你也会一次比一次恐惧。人在极度恐惧和无助的情况下是极易做出极端行为的，比如自伤、自杀等！

所以，想要抑郁症有所好转，第三个阶段就是要接受自己需要长期服用药物。只有认识到长期服用药物的必然性，才能说明你完全了解了抑郁症的顽固性和周期性。在准确了解症状之后，你才有可能去减轻症状，甚至消除症状。

第四阶段：接受自己就算长期进行心理干预和服药，也可能不会好转的事实

很多人在患病伊始，积极地进行心理干预和服药。但是随着患病时间越来越长却迟迟不见病情好转，有的人便开始不再积极地接受干预，甚至出现放弃治疗的情况。

他们通常的说法是："婷婷老师，我治疗了这么长时间，几乎没有任何

好转。我觉得治疗一点用都没有，我打算放弃了！"

要知道，抑郁症的发展，不是像蹭破一块皮似的，就算你不管它，它也能自然恢复。它更像是一个开始发烂的苹果，如果你不管它，它会一直腐烂到体无完肤。而当你采取措施，控制它不再继续腐烂，甚至能够保持现状，就已经说明这是一个很有效的措施了！

所以，想要抑郁症有所好转，第四个阶段就是要接受自己即使长期进行心理干预和服药，情况也依然不能好转的事实。毕竟，没有坏的变化，其实就已经是好的变化了！

当一个人不再执念于今天好转还是明天好转的时候，他的无力感和失落感才会真正有所减轻。而当这些消极的感觉逐渐消失的时候，才是一个人的生活动力和积极性回归的时候。当一个人重新有了生活的热情和兴趣之后，他的抑郁症就开始慢慢好转了！

如何快速缓解考前或升学的压力和焦虑？

作为一个做过很多例考前减压和考生状态调节的心理咨询师和职业催眠师，我要告诉你的是：考前的紧张情绪，无论如何是克服不掉的。

孩子由于各种原因造成考前紧张，本来只是一倍的紧张量，但当他打算克服考前焦虑或者当家长劝说孩子别紧张的时候，孩子就开始了对自己紧张状态的自我斗争和自我否定。结果，孩子的紧张感又增长了一倍。

所以，紧张感是克服不掉的，越克服越紧张。我们不要试图去克服紧张，而要尝试与它和平共处，也就是通常所说的接纳它。接纳了紧张之后会发生什么改变呢？

→接纳了紧张，才会接纳自己。所有的改变都是从接纳自己开始的。

→接纳了紧张，才可以把考试前没有好好复习、上课时没有好好听讲等全都放下，开始新的征程。

→接纳了紧张，也就是接纳了这次的成绩失利，以及成绩失利会导致的对于事业、学业和人生的影响。当接纳了所有最差的结果后，你才能把心思从对未来的虚无的恐惧，转移到对近期的实际的计划中来。

● 如何做到和"紧张"做朋友?

那么，我们应该如何做到接纳"紧张"，和"紧张"做朋友呢？可以用心理学上的系统脱敏的方法来疗治。

▌时机

在考前几个月或者几天，当孩子已经感受到考试所带来的紧张的时候，就可以采用这个方法。

▌方法

闭上眼睛，去想象考试的那个场景，越详细越清晰越好。比如：穿什么衣服、背什么书包、考的哪门、我是如何掏出准考证、先后拿出哪些文具等。也就是说，让自己像过电影一样，从头到尾去身临其境一番。

当然，在这个"身临其境"的过程中，紧张感会被自然地激发出来。然后让自己沉浸在那种感觉之中，一分钟之后，睁开眼睛。你可以每天重复这个练习很多次，也可以每天练一次。

▌效果

当孩子越来越熟悉那个场景、那个紧张的感觉的时候，他对这个感觉的熟悉程度就会有所增加。人们对于熟悉的东西，是最容易放松下来的。

所以，当他真的去考试的那一天，感受到了紧张，而这个紧张是他所熟悉的感觉，就像老朋友一样，那么他很快就能放松下来了。

不要把考试紧张当作敌人，一个劲儿地防着它，想尽办法要干掉它。而要把它当朋友，和它接触、和它沟通。接纳了考前紧张，你就接纳了考试时的自己！

● 婷婷的心理会客厅　系统脱敏法

系统脱敏疗法（systematic desensitization）又称交互抑制法，是由美国学者沃尔普创立和发展的。这种方法主要是诱导求治者缓慢地暴露出导致神经症焦虑、恐惧的情境，并通过心理的放松状态来对抗这种焦虑情绪，从而达到消除焦虑或恐惧的目的。

系统脱敏法主要是建立在经典条件反射和操作条件反射的基础上，它的治疗原理是对抗条件反射。系统脱敏的基本原则是交互抑制，常常是用来治疗恐怖症和其他焦虑症状的有效疗法。它采用层级放松的方式，鼓励患者逐渐接近所害怕的事物，直到消除对该刺激的恐惧感，即在引发焦虑的刺激物出现的同时让病人做出抑制焦虑的反应，直至最终切断刺激物与焦虑的条件联系。

● 面对纠结焦虑的情绪，有哪些被错用的方法？

有的孩子来做心理咨询和催眠调节的时候，她对于考试一点都不紧张，但是对于不去考试会有些焦虑。这样的孩子通常会说："婷婷老师，我觉得考试一点意义都没有，但是我觉得不去考试好像又不太合适。好纠结、好痛苦呀，我该怎么办？"

这种纠结痛苦的感觉是什么？是焦虑！焦虑感是对现在或者未来的弥漫性的担忧；是知道会有很多事情需要做，但是因为心里慌而迟迟没有着手做的自责；是有失去对事情走向的控制的恐慌；是浑身充满无力感的失望！

焦虑了，你会怎么做呢？你会不会也下意识地采取下面列出的消除焦虑的方法呢？但是，你用过了之后发现自己更焦虑了！

▍错误方法1：换种心情法

这种方法秉承的理念就是：换个场景，换种心情，你就不会继续陷在焦虑中了！

比如，假期里和家长聊到之后的发展，不知道要继续在国内上学，还是出国读书，搞得自己很焦虑，于是打算先不想了，好好玩了这个假期再说。

结果呢？假期每天吃喝玩乐的时候，确实是不焦虑了。但是，在要开学回到学校的头一天晚上，焦虑的情绪集中且凶猛地迸发出来了。

这种方法无法有效缓解焦虑情绪的原因，归根到底就是两个字：逃避！

换个场景，确实可以让你换个心情。但是在做场景替换的时候，你并没有对当前这个场景的焦虑源做任何操作。也就是说，你只是逃避了这个焦虑场景，而不是改变了它。

所以，当你再回到这个引起你焦虑的场景中时，那个焦虑源会再次起作用。于是，你的焦虑情绪就会被再次引发出来了！

错误方法2：听取建议法

这种方法秉承的理念就是：借鉴一下别人的经验教训，有了自己的抉择，你就不会继续陷在焦虑中了！

比如：因为听说目前国内参加高考的考生一年比一年多，即使拼命努力学习，但竞争力永远比自己的努力要大得多。而且毕业之后找工作的形势也非常严峻，僧多粥少。倒不如趁早考虑在中学时期就去国外读书，既能开阔视野，又能变换赛道。但因为不清楚这样考虑是否适合自己的学习习惯和性格特征，是否是最优的选择，搞得自己很焦虑。于是，打算听听"有关人士"的分析。自认为在听完别人的分析，自己有了下一步的方向后就可以开始行动，不再纠结了。

结果呢？各种分析，互相矛盾，根本无法归纳总结出一些比较有条理的结论，反而让自己更加焦虑了。

这种方法无法有效缓解焦虑情绪的原因，归根到底就两个字：纠结！

听取建议，确实可以让你站在巨人的肩膀上。但是，在站得高之后，能够看得远的前提是你的视力要足够好！否则，一个近视的人站得再高也是无法看清更远处的风景的，甚至会因为站得太高而感到头晕不适。

什么叫视力足够好？就是你在听取别人的经验教训之前，首先要在头脑中有一套自己的初步判断逻辑。这样，在听到别人的经验后，你可以用听到的东西来修正自己的那套初步判断体系，从而达到"站得高，看得远"的目的。

但是，对于焦虑的人而言，他对焦虑源没有任何逻辑判断体系。所以，当他听到更多的建议时，他不知道该怎么去粗取精、去伪存真。于是，他开始纠结，继而陷入更加焦虑的情绪当中。

● **如何用"剧本表演法"来减轻你的焦虑抑郁？**

怎么做才能有效降低焦虑水平呢？我从催眠和潜意识的角度，教你一个"剧本表演法"的小技巧。

第一步：写剧本

拿出一张A4纸或者更大的纸和一支笔，按照"焦虑—事情—结果—计划"来写满这张纸。

首先，在纸的中心写上"焦虑"这两个字。

然后，以"焦虑"为中心，在纸上呈放射状地写出你能想到的你身上有关焦虑的所有的"事情"。比如："准备出国的英语考试，就会占用学习校内知识的时间和精力，导致学习成绩下降""即使出国的英语考试分数不错，但仍然不能保证能够顺利申请到心仪的学校""我的性格稍微有点内向，出国后短期内可能无法交到朋友"……

接着，以写下来的每一件"事情"为中心，同样呈放射状地写出你能想到的这些事情的最坏"结果"。比如："如果不能出去学习，也无法调转车头参加高考""即使出去了，也无法得到最好的教育""我会感到孤独"……

再以写下来的每一个"结果"为中心，呈放射状地写出应对这些结果的"计划"。比如："现在就开始做好时间和精力管理""按梯度圈定自己心仪的学校""有意识地上国外网站，了解外国的年轻人关注的事情和喜好"……

第二步：演剧本

把刚才写好的A4纸上的所有信息都记下来。记好后，闭上眼睛，开始在头脑中表演剧本。

首先，保持自己的焦虑状态，并且想象自己正站在一个大屋子的中央。

大屋子的墙壁是圆弧形状的，墙壁上有无数个门。每个门上都有门牌，上面分别写着刚才A4纸上写的事情。

随便打开一扇门，把门那边的情景想象成A4纸上写的对应于每个事情的结果。

走进打开的那扇门，想象自己正在按照A4纸上写的计划行事。

在完成计划之后，从屋子里面出来，关上门，再去你想去的下一扇门。或者，如果从这个屋子里面出来，你已经不焦虑了，那就可以深吸一口气，睁开眼睛了。

为什么"剧本表演法"可以帮助你减轻焦虑水平呢？很简单，这个自我催眠的过程，是引导你的潜意识来直面焦虑，接纳焦虑的过程。

比如：在你在A4纸上写与焦虑有关的事情的时候，你就在直面焦虑。当你想象着焦虑的自己站在空旷的大屋子中央的时候，你就在接纳焦虑。当你不再逃避和纠结而是直面和接纳的时候，你不但搞定了你的焦虑，你也搞定了你的未来！

情绪管理｜"双减"后作业少了、刷手机多了？你需要一个私人订制的"情绪加油站"

"双减"后，孩子有一些作业是在学校完成的，还有一些作业由笔头改为线上完成。这样，孩子不仅在家里自由安排的时间多了一些，而且接触电子设备的场合和机会也变多了。

孩子确实需要用手机，但是把手机交到孩子手里后，家长不禁会担心孩子总玩手机怎么办。一些孩子也会很郁闷，明明自己拿手机是为了学习的，结果不自觉地就刷起了微信、短视频，反而浪费时间、耽误学习、损耗视力、影响睡眠……甚至还会担心"我该不是网络上瘾了"吧。

有一些孩子虽然控制不住自己玩手机，但知道不能再这样下去了。只要外部给的引导方法得当，他们会主动地用一些釜底抽薪的方法。

比如，我曾经做过一个高三孩子燃冬的心理咨询案例。

燃冬见到我的时候对我说："婷婷老师，我最近玩手机玩得有点狠，有些耽误学习了。考试成绩下降之后，我特别沮丧、压力也挺大的，但不知道我怎么做才能控制住自己玩手机的时间。之前中考前我压力大，找您帮我做调整。一个疗程调节下来，中考考场上我发挥得非常稳定。所以我希望现在您能继续帮我调整，让我能保持一定的自控力，然后把成绩追上去。高考，我打算冲一下北大、清华。"

我问燃冬："给我描述一下你是怎么'玩手机玩得有点狠'的？"

燃冬说："比如，我本来在学英语，有一个单词不会，就想着用手机查一下，结果一打开手机就开始刷抖音；再比如，我复习完一门课了，说休息5分钟再复习下一门，结果一刷手机就刷了50分钟……太耽误时间了！"

我问燃冬："你有和爸爸妈妈说过这个情况吗？他们怎么说的？"

燃冬说："嗯，我和他们说了，他们倒没说什么。说适当放松一下也是好的，让我再多和您聊聊。"

按照我的咨询经验，到了高三了父母还可以用这样的思路来和孩子说话，那么孩子的父母一定没有给孩子太大的压力。

我继续问道："那你目前玩手机的频率通常是什么样的？玩一次的平均时长是多少？"

燃冬说："通常是两三小时玩一次，但是玩一次可能就是一小时左右。其实，除了英语有时候查单词，我不会在复习的过程中碰手机。其他时候都是一门功课复习完了，想休息一下脑子，就把手机拿起来了，一拿起来就放不下了。"从这个回答中我判断出，其实孩子并不是因为学习有畏难情绪而用玩手机来逃避。从玩手机的触发机制来看，孩子也没有网络上瘾，纯粹就是为了换换脑子才拿起手机的。

我又问道："那这种一玩手机就玩一小时的情况是什么时候发生的？在这之前，你两门功课复习的间隙都是怎么休息的？"

燃冬说："婷婷老师，不瞒您说，我之前很少玩手机的，也没有什么抖音账号。疫情刚开始那会儿，有几个同学给我推过几个搞笑的抖音视频，我觉得挺逗的，于是就下载了抖音App。结果从那会儿开始，我一休息就刷抖音，一刷就刷一个多小时。在我没下抖音之前，休息的时候就是听电脑里一两首随机播放的歌，有时候跟着唱两句，也就五分钟的事儿，紧接着就复习下一门了。"从这个回答中我分析出，其实孩子之前不是手机的重度使用者，而现在他所说的"管不住自己"，仅仅是因为新装了一个App。

我继续问道："那在你装了抖音App之后，有没有偶尔几次虽然你一样是复习之间的休息，但是没有刷那么长时间手机的时候？"是不是觉得这个提问方式有点熟悉？这就是在本书第二章里提供的情绪管理工具"三个为什么"提问的标准句式。

燃冬说："有过的，婷婷老师。我记得有过那么几次休息的时候，我习惯性地要刷抖音。结果因为当时网络不好，没打开App，我就打开电脑听歌了，然后五分钟一到我就又去看书了。"从这个回答中我看到在孩子想刷抖音但没刷成的情况下，孩子不是在那里反复尝试去刷或者转而玩手机上其他的App，而是可以直接把手机放下，恢复之前的休息方式。这说明，只要在孩子开始刷抖音之前制造一些小阻碍，就能阻止他长时间玩手机了。

接下来，就是让孩子找到刷抖音前的小阻碍。因为只有他自己找到的方法，他才会认真去执行。别人找到的方法再好，对于这个年龄段的孩子而言，作用也是非常有限的。

我问燃冬："按照你刚才说的，那次没网打不开抖音，虽然想刷但也就作罢了。也就是说，咱们不用找方法来阻止你刷抖音的念头，只要在你有这个念头的时候，让你做不了那个动作或者打不开抖音，问题也就解决了？"虽然我这句话看起来像是在总结孩子刚才说的现象，但是本书第三章里提供的情绪管理工具"情绪流程图"已经开始构建了。我知道一旦孩子顺着思路把"情绪流程图"走通，他玩手机停不下来的解决方案分分钟就能被找到。

燃冬听了我的问题，紧锁着眉头想了很久。突然，他快速地呼出一口气，然后坚定地对我说："婷婷老师，您说得对。我决定把抖音App卸掉。我想刷的时候刷不到，也就能继续学习了！谢谢您！"

在我的引导下，燃冬构建好了他的"情绪流程图"，并且找到了阻止他行为的方式，既干脆又彻底。

虽然燃冬做好了决定，但是作为心理咨询师的我清楚地知道，这类孩子固然能很好地执行他的计划，但如果没有把"情绪流程图"的所有步骤都走通，帮他在两门课之间找到能够让他放空大脑、恢复状态的"情绪加油站"，那他仍然可能被另一个新的App吸引走。

我问他："现在离高考越来越近，考前压力加上复习的紧张度，在你卸掉抖音之后，现在听歌已经不能帮你实现五分钟内达到放松的效果了？"

燃冬说："嗯，会这样的，中考前就是这样，当时我就找您帮我做催眠调节。我想着在卸掉抖音App之后，我仍然以听五分钟的歌曲作为休息。如果我发现我需要听15分钟的歌曲才能缓过来看下一门课时，那么我就把做俯卧撑也加到我的休息方式中；如果我发现听10分钟的歌曲加30个俯卧撑也不能很好地缓解时，那么我请您帮我做催眠调节来恢复学习状态。"听到孩子这样说时，我知道他的"情绪流程图"已经彻底走通了，而且连"情绪加油站"都搭建好了。

后来，这个孩子通过自己的刻苦努力和催眠调节的保驾护航，考上了清华大学。

看到这里，你可能会说："对于燃冬这样虽然控制不住自己玩手机，但是能意识到这样太耽误时间，已经很好了，怕就怕孩子不觉得自己玩手机是个问题。于是，家长会不断地规劝孩子少玩手机，当劝了也不听、说了也没用的时候，家长就只能采取更强硬的措施：没收孩子的手机了！"

● 直接没收孩子的手机，真的有效吗？

一个值得我们好好思考的问题是：直接没收手机真的有效吗？我再来举两个实际发生的案例。

第一个案例是，在新冠疫情期间，我收到一个初中女孩的妈妈在"婷婷的心理会客厅"里提交上来的一幅画，希望我帮她分析一下孩子的内心状态。

画中的孩子虽然面带微笑，但距离宠物非常远，并且孩子跟宠物之间有阻隔。同时，房子的周围有很多的栅栏，每个栅栏都是加固加厚的。由此可见，孩子在有意识地自我封闭，不仅跟她喜欢的事物拉开了距离，而且感觉自己是一头困兽，想要拼命挣脱出去。

我问女孩的妈妈："您做什么了，让孩子有一种要揭竿而起的想法？"

妈妈开始觉得很奇怪，后来恍然大悟道："我没收了她的手机。"

因为妈妈直接没收了孩子的手机，孩子很愤怒，好在这个妈妈跟孩子的亲子关系比较好，没多久就把手机还给了孩子。之后，妈妈跟孩子商量，每天手机使用的时限。最终,没收孩子手机事件没有引起太恶劣的后果。

第二个案例是,在我被央视邀请做《如何成功助力孩子"停课不停学"》节目时,收到一个观众的留言:"孩子嘴上说是在用手机做作业,其实我知道他那是在聊天打游戏。我过去把孩子的手机搜走,他来抢。我踢了他一脚,他上来打了我一顿……当时的我震惊了,亲子关系也被彻底破坏了!"

强硬地没收手机,不仅会激起孩子的叛逆愤怒,也会极大地损害亲子关系,最后的结果谁都不希望看到。

● 孩子沉迷于手机,是在满足什么心理需求?

面对孩子玩手机,家长应该怎么做呢?

第一步,也是很关键的一步是父母需要先了解孩子玩手机时心里想的是什么。只有先了解了孩子为什么那么喜欢玩,才能走入孩子的内心世界,跟孩子建立起沟通的桥梁,用理解和合作的态度来解决问题。

从心理学的角度,孩子玩游戏有三个心理需求。大家都知道玩是孩子的天性。玩手机可以满足孩子的游戏需求和娱乐需求,而在这两个需求的背后,更重要的是满足了孩子的社交需求。

孩子跟大人一样,也有自己的社交圈,孩子需要在自己的社交圈里互动。一般来说,孩子的社交需求分为两部分:一部分是现实中的社交需求,另一部分是互联网虚拟世界中的社交需求。

如果孩子在现实生活中的朋友比较多,现实生活已经能满足孩子很大一部分的社交需求,孩子会用手机来进行一部分社交,但不会沉迷于手机。

如果孩子在现实世界中几乎没有社交,那么他就很容易在虚拟世界中交朋友,找自己的归属感,这样的孩子也更容易沉迷于网络和游戏。

我做过这样一个案例:爸爸带着孩子来找我,说孩子网络上瘾了,天天窝在家里打游戏。孩子也承认,说自己学习不好,身体协调性也不好,所以总觉得同学不太喜欢跟他一起玩,他也不愿意出去找同学玩。

在组队打网络游戏的过程中,他反而可以交很多朋友。虽然他游戏打得很好,但是他感觉在游戏中可以获得归属感。孩子还说,希望现实生活与网络世界一样就好了。

当现实与虚拟世界混淆、在现实中缺乏归属感时,孩子会更容易陷入网瘾,沉迷手机。

孩子爱玩手机只是一个表象,更关键的是孩子的社交需求、归属感是否得到了满足。从另一个方面来说,孩子合理地玩手机,也有利于他发展社交能力、团队协作、沟通等各种能力。

所以,不管是从短期目标还是长期目标,无论是出于孩子的社交需求还是网络现实的需要,在做亲子咨询的时候我都会建议家长不要严格限制孩子用手机,特别是不能强硬地没收孩子的手机。因为那样一定会按下去葫芦起来瓢的,要调节就一定要从源头去调节。

● 孩子每天玩多长时间比较合适?

孩子每天玩多长时间手机才合理呢?我给大家提供一个自创的简单公式:你每天使用手机的时间×孩子的年龄/你的年龄。

这个公式的设计是基于一个原则:孩子是父母的一面镜子,孩子每天耳濡目染家长的言谈举止,因此孩子对手机的依赖程度也取决于父母对手机的依赖程度。

比如,一个40岁的妈妈平均每天使用手机的时长是10小时,那15岁孩子的合理的手机使用时间就是每天4小时左右。有了大致的时长判断,家长就可以跟孩子协商。如果家长不想让孩子用这么长时间的手机,那就只能痛下决心先缩短自己的手机使用时间!

家长可能会想,我缩短了手机使用时间,孩子就能缩短玩手机的时间吗?不一定,但是当父母使用手机的时间变短了,就会把更多的时间用于更多有意义的事情,比如看书、做美食、锻炼……当父母去做更有趣的事情的时候,父母跟孩子谈论的话题就发生了改变,孩子的兴趣点也会相应地发生改变。

● **人在改变的过程中，一定会踩到的坑有哪些？**

一个人在改变的过程中可能会踩到很多坑，那这些坑都有哪些共性呢？

→对改变的目标太急于求成，从而产生加倍沮丧的心理：想要马上看到自己的改变，想要一次解决所有的问题，这些想法和情绪会比这件事本身更让人产生自责和沮丧的心理。

→家人、同学、朋友的不理解，从而产生额外的压力：家人、同学、朋友的不理解和嘲笑，会成为你在改变中的另一重枷锁。

→改变的效果不如人意，因为他人的怀疑，产生自我怀疑：有的方法不一定适用，但是有的人会因为这一次的失败，被别人责备和怀疑。被怀疑的次数多了，自己也开始怀疑自己了。

● **如何处理自己在成长过程中的问题呢？**

在改变的过程中，我们肯定会面临上面这些问题，那么我们有什么办法来处理呢？

让自己接受改变中的反复

不管是任何的改变，其实本质上都是在改变过去很多年的生活方式。

在心理学上，一个行为内化变成不需要思考的下意识的习惯，所需的平均时间是66天，而且不同行为间差别很大，从18天到254天不等，其中思考方式的改变会更有难度。

而且，在这个过程中还会有各种反复、停滞，甚至更糟糕的情况出现。就像我们从小学习唯物辩证法所说的：事物的发展是波浪式前进、螺旋式上升的。接受这个事实，会让你的改变变得更加轻松。

给家人、同学、朋友适应变化的时间

在生活中,每个人都需要掌控感。当一个人觉得环境和自身都在掌控之中时,即所有的事情是确定的,是自己可以处理的,他就会获得一种安全感。

为什么家人、同学、朋友会不理解,甚至不接受你的改变?因为这些改变会带来不确定性。你不再是原来的你,你和他们交往的方式也不再是原来他们熟悉的方式。不管是好的还是坏的,人对未知事物的天然恐惧会让他们感到失控,不知道该如何面对。故而在你改变的时候,他们会焦虑,他们也同样需要时间来适应改变、平复自己的焦虑。

所以,请你给家人一些时间去适应和了解你的变化。同时,你也可以主动告诉家人前因后果,你也需要他们的鼓励和认可。

只有放低预期,允许自己产生情绪以及改变中的反复,练习和掌握对于情绪力的训练办法,才能够更好地培养控制情绪的习惯。成为情绪的主人,拥有更美好的生活!

本书的前面五章,是锻炼情绪肌肉、提高情绪力的两个阶段。

第一阶段,对整体情绪力的量化和整理,分为三步:

(1)找到自己的"情绪词典";

(2)找到自己的"情绪触发点";

(3)构建自己的"情绪流程图"。

第二阶段,对消极情绪的分析与和解,分为两步:

(1)发现不合理信念;

(2)修改不合理信念。

这一章我们来完成提高情绪力的第三阶段:对积极情绪的激发和保持。

希望亲爱的读者们可以一边看文章,一边用书中这五章学到的提高情绪力的工具来分析和总结。这五章中的工具看似简单明了,但需要很多时间来慢慢练习、内化,并让它成为自己的习惯思维和行为。

● 顺风成长，逆风飞扬！

如果不能改变风的方向，就要想办法调整风帆；如果不能改变事情的结果，就需要改变自己的心态。不要着急，改变不是一蹴而就的。只要掌握了正确的方法，每个人都可以是掌控自己情绪的主人。我们不仅在顺境中可以快速成长，在困境中同样也可以逆风飞扬。

每个人都需要控制感，因为周围的世界是变化的，对未来的不确定性会让我们感到害怕、焦虑，而我们需要做的就是，在不断变化的外部环境中找到自己内部那些不变的东西。

试试每天给自己留出5分钟、10分钟或是30分钟，坚持做同一件自己想做的事情，成为自己的能量加油站。

长期关注我的读者知道，我每天都会早起运动至少30分钟，中午在知识星球App日更"看画读心"30分钟，睡前看书30分钟。每一天，我都有90分钟的时间来滋养自己。

有人会说，平时没有运动习惯，也已经很久没有完整地看过一本书了，怎么办？

其实，这件事不需要多宏大、多艰巨或者多严肃。找到一件你自己做起来开心，每天不做完就舍不得睡觉的事情，也许就是打卡签到，打两盘游戏，画一幅漫画，逗一会儿小猫，听一首新歌……

无所谓这件事情的意义，无所谓这件事究竟有没有用，重要的是，每天设置专门的时间认真去做，用这种仪式感来关爱自己。

只是因为"我想去做"，不为别的，只为你能在忙碌的一天、一周、一月中，能享受到心流和内心的平静。

也许你不敢相信，幸福感不是来自多轰轰烈烈的大事或者翻天覆地的改变，而是生活中这一点一滴的小确幸。这些短暂而珍贵的快乐瞬间，就是我们活着的意义，滋养了自己，也温暖着别人。但可惜的是，很多人在忙碌中忘记了这一点。

希望你在生活和事业的忙碌中不盲目。

无论你是谁，无论你在哪儿，无论你有多忙，每天给自己留出5分钟、10分钟或是30分钟时间，好好爱自己一次。

生活很苦，但你可以过得"微甜"。

"破窗理论"总结

为什么糟心事总是会一件接一件地发生，就像倒下的多米诺骨牌一样让人无力招架。在心理学上可以用"破窗效应"来解释这种现象：一幢建筑，如果有窗户玻璃被打破，没有得到及时修理，接下来就会发生越来越多的窗户被打破的事情，甚至发生纵火和犯罪行为。

"第一扇破窗"常常是事情恶化的起点。小到一个没能完成的计划，大到混乱无序的人生，之所以变成现在这样，均来自最初的那扇"破窗"，而只要找出了源头上的"破窗"，其他的问题自然就能迎刃而解。

如果我们能利用好"破窗理论"的积极效应，预防和改善"第一扇破窗"，学会管理自己的情绪，集中精力短期解决某一个小问题，养成一个小习惯。这时你就会发现，当好的变化在你身上开始发生的时候，生活当中的其他麻烦就会自动消失。

只要掌握了正确的方法，每个人都可以是掌控自己情绪的主人。我们不仅可以在顺境中快速成长，也可以在困境中逆风飞翔。

致 谢

我本科和研究生都是在北京理工大学读的计算机系，是一个标准的工科女。毕业前，我就入职了当时红极一时的摩托罗拉公司，成了一名软件研发的项目经理。这一做，就是十年时间。机缘巧合之下，心理学走进了我的人生，并从此改变了我。

我与"心理学"的结缘，源于一个对我一生都很重要的人。当年他推荐我看《别对我说谎》(*Lie to Me*)，后来他陪我去上心理咨询师培训，再之后他支持我转行、支持我创业，支持我的一切。虽然他直到现在仍然没有涉足心理学行业，但其实在心理学的学习道路上，我们始终是共同成长的伙伴。这不仅表现在当我迷茫和脆弱的时候，他总会给予我最坚定的支持，还表现在他永远以最温柔的方式和男人独有的智慧，给予我一种全新的思路和答案。在这里，我要特别感谢他，我的老公李天伟。

2012年，女儿来到了这个世界。我像所有妈妈一样，被这个小生命改变了生活，而且也促使我做了人生中最重要的决定：转行，创业！在这里，我要特别感谢李梦卓小朋友。是这个小家伙，让我有无限动力成为更好的自己！在我陪伴她成长的同时，她也在陪伴着我，让我在心理学研究的道路上不断成长。她在激励着我前行！小闺女，妈妈好爱你！

随着公司业务量越来越大，我也变得越来越忙。而我之所以能够很好地平衡好工作和生活的节奏，要特别谢谢我的妈妈爸爸、婆婆公公以及我所有的亲人们。你们是我最温暖、最坚强的后盾，我为我生活在这样一个和睦、有爱的大家庭而感到自豪！

其实，我属于资质平庸的人，并没有高人一等的先见之明，能走到今天要感谢一路帮助过我的各位引路人，感谢我的团队和公司中的所有同事、催眠班的学员，感谢我所有的朋友和我的来访者们，并且要特别感谢编辑楼燕青以及出版社的所有同仁们。鉴于本书中的部分图片来自我的沙龙、讲座或咨询者匿名提交，故无法联系上作者，如有需要支付相关稿酬的，请联系作者或出版社。同时，对免费为我们提供图片的作者表示由衷的感谢，谢谢你们的信任和支持。

在你们所有人的鼓励和滋养下，才有了今天的我和今天的这本书。

再次，一并感谢！